延参法师
品味人生
系列丛书

延参法师 著

也无风雨 也无晴

山东人民出版社
国家一级出版社 全国百佳图书出版单位

图书在版编目（CIP）数据

也无风雨也无晴/延参法师著. -- 济南：山东人民出版社，2017.6
（延参法师品味人生系列丛书）
ISBN 978-7-209-10819-5

Ⅰ. ①也… Ⅱ. ①延… Ⅲ. ①人生哲学－通俗读物 Ⅳ. ①B821-49

中国版本图书馆CIP数据核字(2017)第133953号

也无风雨也无晴
延参法师　著

主管部门　山东出版传媒股份有限公司
出版发行　山东人民出版社
社　　址　济南市胜利大街39号
邮　　编　250001
电　　话　总编室（0531）82098914
　　　　　市场部（0531）82098027
网　　址　http://www.sd-book.com.cn
印　　装　青岛国彩印刷有限公司
经　　销　新华书店

规　　格　32开（145mm×210mm）
印　　张　9.5
字　　数　170千字
版　　次　2017年6月第1版
印　　次　2017年6月第1次
印　　数　1-10000
ISBN 978-7-209-10819-5
定　　价　35.00元

序

苦乐年华作生涯

如果，我们已经走到了中年甚至晚年，相信对于人生我们就有了更多更深的认识。我们就不再只拥有美丽的憧憬，或是幼稚的梦想，我们知道了很多事情并不像自己想象的那么美好，我们深深地明白了什么叫现实，什么叫无奈，什么叫痛苦。

只要是活在这个世界上，就没有谁的生活只有喜，没有悲，生老病死、忧悲苦恼，爱别离、怨憎恨，这些是每个人都躲避不了的。但是，苦与乐，悲与喜，并不一定就是带来烦恼。生命来之不易，所以这一生不是为烦恼而活，鼓励自己，一定不要被烦恼打败，不要做了烦恼的奴隶。烦恼迎面而来，不拒绝，亦不纠缠，沉住气，所谓兵来将敌，水来土掩。所有的烦恼都有出口，人生中，学会忍耐，学会克制，学会幽默，学会以柔克刚。纵然烦恼来势汹汹，强悍如百炼之钢，也用一颗柔和的心将之化解为绕指柔。

若说到辛苦，说到艰辛，看看那些历史名人，即使高高在上，谁不是成天面前摆着一大堆头痛的问题，咱们自己的这点小烦小恼，与之相比简直是小巫见大巫。而我们放不下想不开，为之伤为之痛为之悲，那也不过是因为自己心胸过于狭隘，性格过于懦弱。人生，不过就是活个坚强，活个豁达，至于说外境能有多么顺畅，那不是我们能改变的，也不需要去改变，需要我们努力改变的就是自己的懦弱和狭隘。人生在世，跌跌撞撞，深深浅浅，小事情看雅量，大事情看眼光，悲观看胸怀，荣辱看担待，总之一句话，自己的世界自己做主，自己的天空自己吩咐阴晴。

人在世上，谁负了自己，并不重要，重要的是自己不要负了自己。生命是自己的，生活也是自己的，这一生的时间就是要认真地去体会生命的意义，活出一个阳光、温暖、健康的生命。我们不能给自己找仇恨的理由，同样，懦弱、埋怨、狭隘、放弃等等，都没有理由。没有任何让自己不快乐的理由，更没有任何蹉跎岁月荒废生命的理由。

笑容，不是为成功而绽放；泪水，不是为悲伤而流淌。顺境里的微笑不灿烂，逆境里的微笑才动人。一帆风顺未必是一种幸事，没有吃过苦未必是一种幸福。什么是有福？耳朵里没有听过是非，眼睛里没有看过争斗，嘴里没有说过伤人的话。什么是乐？经历许多的坎坷，却没有一次被困难打倒；感受过很多伤悲愁苦，却没有一次沉浸其中不能自拔。并且，在每一次遇到困难后，越来越坚强，在每一次痛苦过后，越来越明白爱的含义，于是，心灵，越来越柔软，胸怀，越来越宽阔。

受点挫折，就一蹶不振，不是挫折打倒了自己，是自己的懦弱打倒了自己。感觉苦，不是外境如何残酷，是心境太过脆弱。若受些艰辛，不必埋怨老天不公平，把自己的幸福系于老天的给予，那必定是软弱的人生。吃不了苦，受不了累，就好比是温室里禁不起风、淋不起雨的花朵。真正的大树是久经风雨，依然昂首挺立，风雨过后，树干愈加粗壮繁茂，树根扎向更深的土地。

在困境中不埋怨的人，是真正明白困境的人。他甚至以困难为激励，以此为努力的动力，因为他明白“天将降大任于斯人也，必先苦其心志，劳其筋骨，饿其体肤，空乏其身，行拂乱其所为”，既然老天爷如此厚爱，给了自己一个锻炼的机会，怎么能不好好把握、好好珍惜?

真正的苦与乐没有一个固定的标准，苦与乐完全是随着心念而起，也随着心念而灭，或者说苦与乐是可以相互转化的。乐不足喜，乐极也会生悲；苦不足忧，苦尽也会甘来。苦也是它，乐也是它，这就是我们自己的生活，苦与乐就是我们的生涯。用感恩的心去面对生活，感谢每一次的阳光，也感谢每一次的风霜，如果生命中饱经沧桑，那沧桑必是生命里最美的光芒。在沧桑却坚强的生命中，没有对苦的排斥、对乐的追逐，因为在岁月的磨砺中，早已没有了苦与乐的执着。

我们每个人，与世间所有，甚至与不同时期的自己，也都是一期一会的，所以，人生总是需要格外珍惜。人生在世，与世间所有的相会，都是绝无仅有的，包括每一次喜，每一次悲，每一次欢笑，每一次泪水。过去的，便不会回来，后来的时光，都不似从前，又都是新的。所以，一期一会，理应珍惜，只有以一种诚敬的心，对待每一个相会的机缘，苦也好，乐也好，珍惜，感受，品味，体悟，一切的好与不好，都善待它。也许那些痛，亦如料峭春风吹人醒，微冷，若有一颗豁达淡定的心，那便是雪飞炎海变清凉。炎凉过后，山头斜照却相迎，回首之时，也无风雨也无晴。

人间得失流水听，故事千载一笑来。山河大地已属微尘，而况我们是这尘中之尘；血肉身躯且归泡影，而况那些恩怨情仇影中之影。听静夜之钟声，唤醒梦中之梦；观澄潭之月影，窥见身外之身。风来疏竹，风过而竹不留声；雁渡寒潭，雁去而潭不留影。故君子事来而心始现，事去而心随空。既如此，何不在这花开的季节，淡去云烟，散去名利，不再抱怨，依旧追寻生命的温情和淡然，不负人间走一回。不辜负花开，不辜负花败，不辜负岁月，不辜负来过，一任平生风兼雨，苦乐年华作生涯。

谨以为序。

目录

第一章　世　相

虹，这些都是生命的意义。

第二章 惜 年

第三章 擅 学

266 / 生命如花开落

过去的是时间，老去的却是心境。人生不必走得太匆匆，世事不必看得太分明。

268 / 路悠悠

不要把所有的争执都考虑得那么复杂，不如给彼此一些时间，包容一些对错，善意理解别人不同的意见，因为简单的人生才能感知生命的意义和内涵。

270 / 生命的节奏

生命的节奏本就应该有紧张有松弛，不要让自己的心变得没有弹性，该休息就休息，该努力就努力，时间和生命的把握全在于自己。

273 / 生命的价值

一个人的价值不在于他创造了多少财富，或是获得了多少荣誉，心灵的高贵在于经历过苦难后心地依然纯良和清净。

275 / 山水无言胜有言

繁华落尽，终是空了，而我们永恒记忆的却是那段历程，是对生活的体悟，对人生的觉醒。

277 / 如梦如幻如何说

心量狭小，则多烦恼。如果心量广大，智慧就会丰饶。

279 / 微笑着诠释人生

只要心是晴朗的，人生就没有阴雨。

282 / 看一路花开

真正的快乐，是经历艰辛后才体会到的。没有经历深刻的痛苦，我们也就体会不到酣畅淋漓的快乐！

第一章

世相

享受宁静

真正的安静来自内心，懂得安静的人才会享受到安静的快乐。

夜幕降临，万籁俱寂。白昼的喧嚣和热闹都将归于夜的寂静，它可以让我们在宁静中沉淀心绪，享受属于自己的那份惬意与安然。夜的温馨让我们变得祥和与安宁，可以什么都想，也可以什么都不想，那份悠然自得让人坦然。

进入夜晚，就要享受这份宁静，不能把白昼的躁动与烦恼带到黑夜里来，我们可以让工作和休息分开。黑夜，当大家都睡去的时候，没有噪音扰人，没有琐事缠身，听不到闲言碎语，碰不到无端指责。我们不必为一些事伤心，不必为了掩饰自己而劳神。望着寂静的星空，我们可以静静等待，静静幻想，漫天地思考，无尽的回忆在心灵的天际无边地游走。放飞思绪，让思想在自由的国度里翱翔，让思绪穿梭于古今时空，随心所欲，没有羁绊，没有阻拦，天马行空地想我所想。脑中那些原本属于白昼的记忆在一瞬之间不复存在，留下的只有属于夜的静默与祥和。

结束了白天的纷扰与喧嚣，我们喜欢把自己藏在夜里，去感悟那一刻的宁静。世事平常之中总是深藏着看不见的契机和奥妙。对于宁静，也许每个人都有着自己的诠释与理解。有人说，烟花绽放之后，洒落的余烬便是落寞；也有人说，繁华历尽之时，留下的空壳只是荒芜。而我却喜欢将它们笼统归为一种宁静，独自品味。就像走过了喧闹的白天，必定会紧随沉寂的黑夜，这是千古不变的自然规律。

当今社会处于充满竞争、机遇和挑战的时代，有着太多的压力和烦恼，也有太多的诱惑。人们不停地追赶着潮流，心态变幻无常，甚至越来越浮躁，随着生活节奏的加快，工作的繁辛使人们感觉活得很累。其实在社会的发展和进步中，人们更需要感受一种宁静，需要调节心境，拥有一颗放松的心灵。这样的宁静，会让你思绪飞扬，流连忘返，心旷神怡；这样的宁静，会让你惬意、舒心、志远。

宁静不是平淡，更不是平庸，而是一种充满内涵的幽远。要使自己真正进入宁静的境界，还须培养一份雅致，一份涵养，一种气质。

生活中有了宁静，就会迎来蔚蓝的天空，迎来明媚的阳光，迎来和煦的春风，人生就多了一分春意；生活中有了宁静，就会增添一首清纯的诗，增添一曲悦耳的歌，增添一幅绚丽的画，人生就多了一分美丽；生活中有了宁静，就会驱散心头迷雾，就会照耀心田沃土，就会盛开心灵鲜花，人生就多了一分享受。我们要用宁静来守卫心灵这片净土，不要让岁月的风沙摧残纯洁的灵魂；我们要用宁静来维护心灵这片草原，不要让生活的沧桑蚕食绿色的希望。

寻求宁静，是寻求最好的生活方式。走进宁静，就是走进了心灵的阳光地带。感悟宁静，就是感悟一种与众不同的人生。

夜永远都是那么静得出奇，白天的喧嚣纷扰都彻底地掩盖在茫茫无际的夜色里，变得无影无踪，无声无息，没有一丝的喧闹，没有一丝的烦躁，安静地倾听心灵深处的声音，回想着昨日的点点滴滴，独自品味生活，品味经历，我们会忽然感觉原来自己是那么的可笑，那么的幼稚……

夜深了，就要享受这份安静。安静是美丽的，懂得安静的人才会享受到安静的快乐，才能领悟安静的品味。爱在安静中得到迸发，智慧在安静中得到启迪，心灵在安静中得到升华。

真正的安静来自我们内心。一颗躁动的心，无论幽居于深山，还是隐没在古刹，都无法安静下来。正如一棵树，红尘中极小的风，物质世界极细的雨，都会引起树枝、树叶的荡动、迷乱，不论这棵树是置身在庭院，还是独立于荒野。所以，你的心最好不是招摇的树枝和树叶，而是静默的根系，深藏在地下，不为尘世的一切所蛊惑，只追求自身的简单和丰富。

当我们安静下来的时候，会恍然发现天之大地之远，个人何其渺小。人活不过百年，历史却浩如烟海，生命必将逝去，永恒的只是自然。前行的路途上，享受片刻安静，让心灵回归本初吧。既然不是每个人都能在史册上留下姓名，那么我们为什么不珍惜这仅有一次的生命？为什么不学会从烦乱不宁的心态中解脱出来呢？

常回家看看

窗前月，杯中酒，件件让人愁。中秋日，除夕夜，时时刻骨家人忧。

似水流年，苦乐年华。多少故事已经褪色，多少知己已经不在眼前。我们一路走过来，风景已不是当年的风景，记忆中留下不少难以磨灭的苦涩。不管岁月如何更替，除夕之夜来临时，远方的游子在心底总会涌起一股刻骨的酸楚。记忆中，对父母总有一份牵挂，所有的一切是否平安如故呢？常回家看看吧。吃一口家乡的菜，也许不是特别丰盛，但是每一口都来自故土；访一访以前的朋友，也许他们不是达官显贵，但他们的真诚可以让你更加富有；握一握父母的双手，也许比记忆中更加粗糙，但是，骨肉相连的温暖可以化去相思之苦；踩一踩故乡的土地，它的厚重足以托起你所有的希望。根在这里，不管你飘向何方，不管你富贵还是平凡，你都会和别人一样富有。常回家看看，不管故事如何结局，风雨中，为了故乡的牵挂，请昂起你不屈的头。未来的日子也许有更多的风雨，也许是乐，也许是苦，生命犹如一片远行的帆，风雨由它。只要相信自己，所有的苦难就会即刻化为乌有。明媚的春色、满地的花香会是一杯壮行的酒。我们不妨静下来，慢慢欣赏生命的四季，领略春华秋实的真谛。笑了，回忆一下故乡的甜蜜；哭了，唱一唱来自家乡的歌谣；累了，看一看带在身边的亲人们的相片；忙了，朝故乡的方向多看几眼；闲了，也写几行家书，托朋友捎回遥远的故乡。也许你将来飞黄腾达，但依旧拥有改不了的乡音，抹不去的记忆；也许你的将来依旧平凡，不要紧，故乡人迎接你的永远是问候，永远是笑脸，永远是不改的忠诚。

窗前月，杯中酒，件件让人愁。中秋日，除夕夜，时时刻骨家人忧。岁岁尾，年年头，人在天涯，心在家。哪怕是寄几个字给家中的父母，那也是人世间最好、最美的真情表达。

拜托大家，常回家看看！

回家过年

经历着世间的风风雨雨，体味着生命的珍贵，感悟了自强不息的真实内涵，这就是收获，这就是财富，它无法用金钱来计算。

无论有钱没钱，我们都应该回家过年。领略外面的风光，感受世界的精彩，但在精彩的背后还有很多的无奈和磨难。遇到面孔千千万，产生思绪也万万千。

无论有钱没钱，我们都应该回家过年。回忆走过的岁月，备尝人间的苦辣酸甜。经历着世间的风风雨雨，体味着生命的珍贵，感悟了自强不息的真实内涵，这就是收获，这就是财富，它无法用金钱来计算。

无论有钱没钱，我们都应该回家过年。家是避风的港湾，家是团聚的最好乐园。谁都想衣锦还乡，谁都想荣光把家还，可是人生无常，世事总在变迁，又有几人能够如愿呢？所以我们不妨学会理解，学会坦然，认同社会，认同自然，用包容的心来宽容所有的一切，用微笑面对所有磨难。

无论有钱没钱，我们都应该回家过年。给家人报个平安，给父老乡亲带去团圆。把光明和温暖送到每个人的心间，让幸福和快乐常驻人间。祝愿世界和平，祝愿家家平安。

无论有钱没钱，我们都应该回家过年。未来可能很坎坷，还会有风险，但未来也充满希望，让我们用更加崭新的精神面貌去迎接挑战！

春风如贵客

与其静坐着等待阳光的沐浴，何不化作一束阳光温暖自己，温暖别人，也温暖这个世界。

天时人事日相催，冬至阳生春又来。又是一年春来到，祝福满天飘，处处彰显着节日的喜庆。春节带着光的福运、梅的馨香、山的靓景、水的情韵，扑面而来。

新年的钟声还未响起，曼妙的雪花还在书写冬天的童话，欢呼的寒风还在继续着宏大的乐章，冰冻的大地还在显示着生命的本色，大红的灯笼已经高高挂起，喜庆的锣鼓也已喧腾起来，春节已悄然向我们走近，带我们走进一个生机盎然的世界。新年新起点，新年新打算，在新的一年里，让我们写下我们的期望和祝福吧。

追忆似水流年，感叹人生短暂。过去的一年里，岁月老人不经意间在我们的心中撒下欢乐的火种，但也投下了一片忧伤的阴影。这一年，我们既有可喜的收获，也有无奈的失落。

甜也成诗，苦也成诗；喜也成歌，悲也成歌；笑也成字，泪也成字。当平淡而充实的日子轻轻滑过指尖，循着记忆的通道回溯，无论过去有多少喜怒哀乐，多少对错是非，多少恩怨得失，多少爱恨情仇，都应封存于旧历，就让那如烟往事随雪而落、随风而散、随烟而消吧！随着时间的推移，我们记忆中那抹忧伤的痕迹会黯淡下去，因为在冬的尽头，有一缕明媚的阳光在等待着我们。过年了，过年需要一份好心情，与其静坐着等待阳光的沐浴，何不化做一束阳光温暖自己，温暖别人，也温暖这个世界。把我们的快乐和开心带给大家，给这个社会增添一分温情，增添一分暖意。

春风如贵客，一到便繁华。当岁月的车轮碾过我们身旁，让我们踩着欢快的鼓点，舞动手中的彩旗，用一颗水晶般透明的心去迎接新一轮的骄阳吧。新的一年迎来新的希望，让生命的能量迸发出激情的光芒，在每一个季节展示无憾的人生。让我们在回顾反思中奋进，忘记岁月的沧桑，放飞旖旎的梦想，畅想明天的辉煌吧。

又是一年美好的开始，又是一段幸福的时光。新年为我们掀开了新的一页，使我们充满着新的希望、新的憧憬。虽然现在还处在冬季，但春天的花朵却已经在我们的心里绽放。不管昨天发生了什么，不管昨天的自己有多难堪，有多无奈，有多苦涩，都过去了，不会再来，也无法更改。就让昨天把所有的苦、所有的累、所有的痛远远地带走吧，从今天起，我们要收拾心情，重新上路！我们要从纷扰的社会中读出斑斓的色彩，从平淡的生活中咀嚼出充实与知足，从繁忙的工作中寻求到快乐与精彩。

春节到了，过年要的是一份好心情，脾气再大的人也要收敛一下，回首过往，我们不妨检讨自己的不足，以一种新的面貌出现在大家的面前，给节日增添一点喜庆，用微笑来报答周围所有人的恩惠。愿我们的生存空间处处充满祥和，时时充满快乐。家庭相聚一起，晚辈尽孝，家庭和睦；朋友相聚一起，共叙友情，谈古论今；同事相聚一起，互帮互助，携手进步；大家相聚一起，赞颂祖国，人人和谐，沐浴春风。让我们的好心情变成一种润滑剂，润滑这个社会机器，净化我们的灵魂，祥和这个社会吧。如果我们人人都有好心情，天天都有好心情，那我们天天都在过年。过年了，需要这份好心情。

世间红尘，人生百态，浮华的即将沦没，懒惰的必将沉睡，奋斗的必将腾飞。任你是在胜利中微笑，还是在失败中哭泣，任你哀叹、忧伤、悲痛抑或激昂、豪放、雄壮，岁月的步伐依然如故。人们就在新年里聆听幸福，把日子过得安宁而坦然，明媚而温暖，我们的社会将迎来春色满园的艳阳天。

在新的一年里，让我们的人生迎接新一缕曙光的普泽、新一缕春风的沐浴、新一滴甘露的滋润，使我们的生命绽放出更加美丽的色彩。不论前方的道路是铺满鲜花，还是布满荆棘，我们都应以信心和坚定的意志去迎接下一轮的冲刺，绚丽人生有待我们去谱写更加精彩的华章。

过年，过的只是一份好心情。

愿我们永远笑脸如花

岁月会逝去，年龄会变老，但幸福快乐是永远不会老去的。

草木本无意，荣枯自有时，世间万物兴败皆自然，又何况是人呢！放眼望去，古人、今人长则不过百年，短则几年、十几年便离世，生命又何来永恒之说？“盛年不重来，一日难再晨。及时当勉励，岁月不待人。”古人对于生命总是叹咏其短暂。那么，生命之中到底什么是短暂，什么又是永恒呢？

生命是短暂的，这是对于有形的生命而言，无论是彪炳千秋的伟人，还是遗臭万年的罪人。但生命又是永恒的，这是基于无形的生命而言，不管他是千年前修建阿房宫的匠人，还是芸芸众生中的凡夫俗子。消逝的是有形的躯体，而历史文明留存下来的精神力量，常常昭示着历史的力量，生命的价值。

身处乱世的孟子，活了八十余载，他看似短暂的生命却为当时的百姓带来了生的希望。当时的君主们致力于富国强兵，企图通过暴力的手段实现统一。“朱门酒肉臭，路有冻死骨”，战乱频仍，民不聊生。孟子看着无辜的生命不断地消逝，心中不由生起悲伤之感。他游说于各国之间，不停地传播自己的“仁政”学说，想说服君主，解救百姓于水火之中，然而这颗希望百姓安乐的心尚未平静，他的生命已经到了尽头。这八十余载的生命不及历史长河的千分之一、万分之一，可它留下的却是在人们的心中永远扎根的仁与爱。

“大江东去，浪淘尽，千古风流人物。”苏轼走过跌宕起伏的人生，使自己的人格得到了升华，他的文学造诣没有人敢怀疑。无论是诗词、散文，还是书法、绘画，凡他所涉足的领域，苏轼之名皆排于古人之前列。虽然他早远离我们而去，但他的一篇篇文学作品流传了下来，附着他的名，他的号，更附着他的魂。一句“但愿人长久，千里共婵娟”表达了对人生至善至美的祝福，他的精神、思想是不朽的，将被世代所传颂。

当时间在身边悄悄流逝，当生命的火焰逐渐熄灭，许多古人用自己的灵魂赋予生命永久的意义，把短暂的生命定格为永恒。

即使我们没有传世的伟大思想，也没有盖世的文章，但是，我们可以展现我们个性的风采，用豁达、开朗的性格，诠释乐观向上的人生态度。

我一直喜欢重复“生命”这个永不衰落、永远年轻的主题，因为它短暂，所以让人痛惜。随着年龄的逐渐增长，我感觉到生命的轨迹似乎越来越清晰，或生或死，也就变得无所畏惧了。有人说青春易逝，我们要珍惜每一分、每一秒，即便满是伤痕也要争得片刻逍遥。这句话不无道理，李白曾经说过“人生得意须尽欢，莫使金樽空对月”，青春虽然短暂，但我们一定要过得精彩。

每个人有每个人的精彩，不同的人对生活的理解千差万别。即使对于幸福，我们也有着不同的标准。但至少有一点大家都是赞同的，那就是：追逐幸福的脚步，永不停歇。不管你知不知道幸福，也不管你懂不懂幸福，你都会一如既往地不断超越。一颗小小的种子，何以能长成参天大树，凌身于悬崖绝壁之上。是生命的力量，是青春的力量，是超越的力量。伟岸的身躯让它能经受狂风暴雨、烈日严霜。坚实的根茎让它扎根岩石，直冲苍穹。它那碧绿的叶子向世人昭示：生命可贵，青春无价，幸福永不止步。

正因为人的生命是短暂的，所以我们应当珍惜自己的生命。要追求人生的快乐最大化，而不是金钱最大化或是物质最大化。我们应当最大限度地去减少那些无聊的烦恼和忧伤。把那些解决烦恼的时间和精力花在实现自己的人生价值上，花在自己想做的事情上，花在需要我们的地方。我们应当活得潇洒一些、豁达一些，坦然面对每一次花谢花开，从容迎接每一个日出日落。幸福需要我们去珍惜、去善待，我们没有理由不去快乐，也没有理由一直烦恼。

生活在毫不迟疑地、无声地向前，向前……岁月会逝去，年龄会变老，但我依然愿意相信并坚信，幸福和快乐是永远不会老去的。

或许每个人都不知道下一秒将会发生什么，快乐也好，悲伤也罢，都必须乐观真诚地面对。我们要永远幸福下去，永远快乐下去，保持一颗永远年轻的心。

蒲公英的梦想

人的一生不可能没有波折，不是每个人都可以顺利闯过来。但是只要你相信，并坚持下去，成功的彼岸就在眼前。

和煦的春风，轻抚着蒲公英绿色的枝叶，它慢慢苏醒，露出可爱的笑脸，一朵不起眼的小黄花悄然绽放，没有玫瑰的香艳，没有牡丹的雍容，没有红梅的傲雪，带着几分羞涩，几分淡雅，清纯含蓄，静静摇曳在风中，尽吐淡淡的清香。

它就是拥有梦想又惹人怜爱的蒲公英。随风飞舞、拥有梦想的蒲公英，会为了梦想，狠着心，咬着牙，让风作翅膀，独自奔赴远方，无论是广阔的天空，还是阴暗的峡谷，纵然背井离乡，它也要执着地找寻，执着地追求，执着地拼搏，坚强地扎根土壤，吐尽芳华，创造一个一个希望，继续远行。

蒲公英在追逐梦想的时候，可能会被雨水模糊双眼，分不清方向，也可能在没有星星的夜晚，难以前行，但是蒲公英的种子始终相信自己能够穿越迷雾，去拥抱灿烂的曙光。它具有顽强的生命力，即使在贫瘠的土地中，它也能播种生命，播种希望。它像一个不知道疲倦的精灵，勇敢地追寻生命里最美的梦。

蒲公英的漂泊不是孤独的流浪，而是生命的延续，是糅合自然的本色。就像人的一生不可能没有波折，不是每个人都可以顺利闯过来。但是只要你相信，并坚持下去，成功的彼岸就在眼前。我们不妨就像蒲公英一样，怀揣梦想，顺着风的方向，坚持生命的信仰，对命运承诺，在艰难中百折不挠、在坎坷中奔向前方。

关于爱

懂得了尊重并去爱护每一个人和每一个生命，于是，真爱便在心中诞生。

尽管“爱”这个字眼儿在如今变得有些暧昧，甚至粗俗，尽管爱以形形色色的方式存在于世间，但是我仍然愿意把爱理解为：爱是给予是奉献，是宽容是理解，是忍让是悲悯，是温暖是怜惜，是幽深是沉默，是理智是道德。

我们有时候不愿意提“爱”这个字，因为它太沉重。有时我很羡慕一些人把爱说得像炒蹦豆似的，可我不能，我宁愿开开玩笑，说一些无关紧要的废话，宁愿被人看成是一个平庸浅薄、缺少爱心的人，也不愿意向人敞开这份沉重。为什么会是这样呢？我不断审视着自己，没有答案。

我想爱或许可以分为两种：一种是源自于喜欢、欣赏、欲望，另一种是源自于同情、怜悯和觉悟。前一种爱很快乐，很有激情，后一种爱的含义更广，后者所爱是整个人类。

我们有时候会感到烦恼，这源自于人本有的缺陷和弱点，除了外在的生老病死、天灾人祸，还有内在的贪求、欲望、嗔恨、嫉妒、猜疑、防范……深切感受到苦，并不是一件坏事，我们往往只有通过自身的苦难，才能充分体会和理解他人的不幸。比如，我们从来未曾尝试过被人屠宰的滋味，如果有一天我们也经历了被人拖去任意宰割的事实，也许我们会由此停止对其他动物的杀戮，或者再也不肯吞咽那些无辜生命的血肉。我们应该想清楚一个问题：实际上苦从来就不属于某个个体生命，它实在应该归属于有感知的生命整体。感悟到这一点，苦就变成了滋养和升华我们慈悲的因素，从而让我们懂得了尊重并去爱护每一个人和每一个生命，于是，真爱便在心中诞生。

月儿高高

只要活得坦然，没有遗憾，活得善良，没有怨恨，活得坚强，没有惆怅，那么，哪怕是沧桑，哪怕是风霜，人生每一段都可以活得诗一般美丽。

岁月无踪，流光无痕，静静流淌的时光，我们一路走过，苦涩甜酸咸与我们一路相伴。走过岁月的烽烟，如果内心中烦恼的尘埃堆积得太厚，恩怨的蛛丝纠结得太繁，百年人生就是一段痛苦又漫长的光阴。

我们常常感觉活着太累，不是情感的纠结，就是利益的盘桓。看看四周，身边就那么多人，聚散皆是缘，相伴须珍惜，不必相处时常伤害，走远后长叹息。我们能够拥有的也就那么多，日进三餐不必美味珍馐，夜眠七尺不用豪宅万栋，富有钱财不如丰足精神。只有看淡了，想开了，心灵才能释然，精神才能超然。

我们总是有太多念想，想要名，想要利，想要财，想要美，还想要幸福。我们想要的东西很多很多，不管我们想要的是出于自己的贪心还是以爱为名，它们都压在我们的心里，一部分化为动力，一部分则化为痛。我们总是感觉不到快乐，因为我们想要的和我们得到的总是有差距；我们总是感觉不到幸福，因为我们一直不曾满足。我们也知道知足常乐，我们曾经为得到一个棒棒糖开心一整天，为一片沙地沉浸在游戏的快乐里，可是，知足在成长中被弄丢了，丢在第一次为了分数辗转反侧的夜里，丢在第一次为了财富用尽的心机里，丢在为了升职的阿谀奉承里，丢在了灯红酒绿里……

因为想要的太多，我们有了太多的负荷，丢失了太多的快乐。就像一个人为了早日到达目的地，终日赶路，把清风明月、姹紫嫣红抛在身后，最后他终于到达了，他以为他胜利了，其实早就败得一塌糊涂。他忘了人的最后目的地是死亡，无论你是闲庭信步还是匆匆忙忙都会到达，不同的是，闲庭信步者充分享受了这段旅程，匆匆忙忙的人除了满头大汗和被满足的虚荣心外一无所有。

谁都知道心态很重要，心中装着太阳，黑夜也是白天，可是太多事我们虽然明白却做不到，我们知道不该嫉妒，不该贪心，不该庸人自扰，可那恰巧是我们最容易犯的错误；我们知道我们应该坦然，应该大度，应该淡泊明志，可那恰巧是我们所追求、羡慕却做不到的。我们知道却做不到，于是在纠结中把自己的人生过成了一团乱麻。

世界很简单，是我们的内心太复杂，人生幸福、美好与否，不在于我们拥有多少财富、权势、才情、美貌等等，只要活得坦然，没有遗憾，活得善良，没有怨恨，活得坚强，没有惆怅，那么，哪怕是沧桑，哪怕是风霜，人生每一段都可以活得诗一般美丽。

既然我们知道自己像野草一样平凡又渺小，那么就应该像野草一样，在哪里都能活，在墙角，在石缝，在路旁，在花园，在沙漠，在草原。无论在哪里，我们都可以快乐地翩翩起舞；无论在哪里，我们都可以勇敢地在雨中歌唱；无论在哪里，我们都抬起头迎向那明媚的阳光。无论我们多么渺小，我们一样闪着光亮。

潮消潮长月盈影，云蔽云开冰皎洁。仰首凝望，银河渺茫，素月清光，一尘不染。月儿高高，清澈柔和的月光如此皎洁，洒落一地清辉，明月的清净光明、圆满清凉也静静地流淌进了人们的心中，像是一股清澈的山泉，洗涤了心灵，滤净了尘埃。其实，最简单的生活最唯美。

爱朦胧，恨朦胧，笑看人生烟水重重

对于生活，不偏执于拿起放下，每个人在生命的最后能获得的是一种心境的高下。

行走在世间，我们见惯了太多山盟海誓的颠覆，听惯了太多睚眦必报的纠葛，成日里碌碌劳形，或沾沾自喜，或欲罢不能。有时候，我们甚至会常常自问：生命中到底什么是真实？有什么值得追逐到底？

渐渐地，我们发现，活着太累，只因为生命的爱恨取舍太多，多得成了负担，自己的负担，也是别人的负担。我们常常把爱放在嘴上，亲情、爱情、友情，但是这个“爱”却和“取”联系在一起，付出的总希望有回报，一旦无法如愿，则多会痛不欲生，甚至生出刻骨铭心的恨。所以一代又一代人感叹着“良辰美景奈何天”，感叹着“人生长恨水长东”。而如果走过大段生命的旅程，我们在感叹聚散无常时，往往又有意无意地与人结怨，工作、生活、交往，乃至婚恋，之所以结怨，更多的是我们过分执着于自己的判断，少了一份宽容，少了一点大度，多的却是自私和狭隘。

爱与恨是一个古老的话题，千百年来又有几人能够说得清。爱里含着恨，恨中又有爱，爱恨交织，爱与恨是一对冤家。没有绝对的爱与恨，也没有无缘由的爱与恨。爱在前边，恨随其后。

爱充满着温暖与柔和的气息，是一种温柔的力量。爱的力量在于它甘愿为另一颗心而燃烧。恨充溢着冷漠的气息，是一种坚硬的力量。恨的力量在于它为点不着另一颗心而自燃。

当爱超过了极限，走到了反面，就会变成恨。在情感世界里，我们一旦想占有某件东西，就会生出恨，恨是想要而不能抓在手里。恨来自占有欲，占有欲促使人们幻想着把自己的所爱牢牢抓住。所以，恨总是跟在爱的后面。

当爱意无限扩大变成大爱无疆时，爱会使人变美，美就美在爱里无私；爱使人感到幸福，那幸福写在给予里；爱使人变得高尚，高尚来自勇于为爱牺牲。

其实，如果我们静下来仔细认真想想，便不难发现，爱也好，恨也罢，只不过是世间缘聚缘散的变化，生命的轮回中没有什么能留下。太多计较执着，失去的只能是自己那份纯真和豁达，增加的只能是劳累和疲惫，得到的只能是烦恼和困惑。每个人在生命的最后能获得的是一种心境的高下。不必要隐居林泉，但可以保留一份天真，随顺自然，适应社会。对于生活，不偏执于拿起放下，以平和淡然的心态，去面对、去解决，才能够在这个快节奏的时代里活得更加从容、更加坦然。

世事无常，一切都在变化当中。如果不能找到内心的宁静，爱与恨都如隔雾看花，并不真实；而找到内心的归宿时，再去看人生爱恨，爱恨只不过是朦胧的水中月、镜中花。把心打开，拥有一种豁达、从容、包容的心态，我们就会微笑着面对人生。

灯火万家

生命是弥足珍贵的，既然在这人世间走过一回，就应格外地珍惜每一天的时光，珍惜身边的每一个人。

岁月的长河悄无声息地绵延流淌，世间早已不知换了多少春秋。人世间纠缠不休的恩怨情仇、是非得失亦如流水般逝去，了无痕迹，亘古不变的唯有那深邃悠远的苍穹，还有那天上冷冷的明月。

人生百年，草木一秋。曾经朝夕相处的朋友，而今也许已散落在海角天涯；曾经那么多铭心刻骨的往事，如今都在记忆里沉睡。但生命依然是弥足珍贵的，既然在这个人世间走过一回，我们就应格外地珍惜每一天的时光，珍惜身边的每一个人。不要让时光偷偷溜走，要充分享受每一寸的光阴。让自己学会豁达，学会乐观，让我们把那些不愉快的事情遗忘，让它们像风一样散去，用微笑来迎接每一张面孔，用开心来迎接每一天的朝阳。

面对生活之中的挫折困苦，我们不妨多一些从容，多一些洒脱；面对人情之间的是非对错，我们不妨多一些包容，多一些理解。无论是面对伤害过我们的人，还是对我们友善的人，又或者是和我们对立的人，心中都抱着一份相同的祝福，真诚祝愿这个世界更美好，真心祝福所有的人们都能开心快乐。

让我们再次说出那句温馨的祝福——祝福人间灯火万家！

热爱生命

苦难是生命旅途中一道不可或缺的风景，灵魂在苦难中涅槃，就会显露出金子般的成色。

生命的意义在于过程的质量，在于生存的价值，在于生活的品位。我们走过生命的旅程，感悟生命的意义，要学会热爱生命的全部过程，让生命像花儿一样壮美地开放，让生命像白云一样优雅地聚散，让生命永驻它的尊严。

生命犹如大海中的一叶浮萍，漂浮不定。人生也如此，生命开始的那一天，便是一个新的起点，一个新的开端。对于生命的意义，不同的人会有不同的理解、认识和看法。不同的理解定然导致不同的结果。有的人把义务、奉献、创造当成生命的真正意义；有的人把索取、占有、享乐当成生命的全部。不同的认识会导致不同的结局。有的人热爱生命，但能舍生忘死，关键时刻挺身而出，成仁取义，宁可玉碎也要实现其生命的价值；有的人贪恋生命，贪生怕死，关键时刻缩手缩脚，屈膝卑躬，苟且偷生。

当我们远离家乡，远离亲人，面对广袤无情的大自然和宇宙时空时，我们会感受到，人类在面对大自然的时候是多么地渺小和脆弱，同时觉得生命又是多么地可贵和伟大。生命在其成长过程中肯定会遇到许多艰难困苦，这恰好证明了生的可贵。生命是一切上层建筑和物质世界的基础，因为有了生命，人类才有了思想，才有了希望和追求，才有了这个五彩缤纷，像万花筒一样美好的世界。

人类的幸福就在于“希望”和“等待”之中。活着是幸福，希望是幸福，等待是幸福。整个人类社会的一切都是在为了人类的活着和追求幸福而运作，活着和幸福是人类的主题和目的。如果离开了活着和幸福，人类的一切都将失去意义。

生命中没有永远的快乐，也没有永远的痛苦，快乐时我们要感谢生命，痛苦时我们也要感谢生命，快乐使人兴奋，痛苦又何尝不是快乐的伙伴呢?

苦难是生命旅途中一道不可或缺的风景，苦难是竖在现实和未来之间的一扇纸糊的门，你只要敢于捅破，前方的路便平坦开阔。苦难是火焰熊熊的炼狱，灵魂在苦难中涅槃，就会显露出金子般的成色。

世上没有不弯的路，人间没有不谢的花。既然有春天的葱茏，也就有秋天的落叶；既然有夏天的热烈，也就有冬天的风雪。我们没有理由不接受苦难，没有理由不善待苦难。失意的时候，我们总要忍不住感慨岁月的艰辛。但再苦再难也得过下去。人生如爬山，苦难便是通向山巅的崎岖陡峭的小路。不曾历经苦难，你就永远只能在山脚下徘徊，永远无法领略群峰叠翠、极目千里的无限风光。

生命总是在挫折和磨难中茁壮，思想总是在徘徊和失意中成熟。让我们对所有的苦难心存感激吧，然后投入所有的心智和所有的激情，认认真真地过好每一天，用一生的无畏和执着浇灌生命，让它如花绽放。

在社会日新月异、世俗纷繁的今天，保持良好的心态是至关重要的。紧张的生活，横流的物欲，似乎令每一个人的心态都发生了一些微妙的变化。人们的心里承受着各种各样的压力，有的人是被生活所压，有的人是被私欲所压……

然而，有的人在压力下事业有成、生活幸福；有的人却不堪生活的重压，不堪一击。一些不堪重负的人选择了各种各样的方式逃避，甚至伤害自己的生命，这完全是对自己不负责，不热爱生命的表现。生命是美好的，每一个人都应该珍惜自己宝贵的生命，都应该拥有良好的心态，去认认真真、踏踏实实地生活，不管自己的生活多么平淡，也应该做一个热爱生活、热爱生命的人。

热爱生命，我们才真正拥有生命，我们才真正拥有了希望，生活也才有了更多的激情。昨天的太阳再也照不到今天的树叶，而今天的树叶，再也不是昨天的那一片了。我们只有脚踏实地，认真面对生命中的每分钟，才不会虚度年华。

热爱生命，纵然人生是那么的短暂，但也是永恒的唯一。人世间的生活才是实实在在的，有天伦之趣、朋友之谊、恋人之情，有理想，有美好，有追求，有梦幻，只有在人世间才能创造真正的美好天堂。

重温友谊

真挚的友谊是人生最值得珍惜的一种安慰。它能给我们的生活增添沁人的芳香。

走过那些难忘的岁月，回忆那些难以磨灭的感动，我们永远也不会忘记朋友之间的友谊。

友谊是天地间最宝贵的东西，真挚的友谊是人生最值得珍惜的一种安慰。友谊是人生最大的愉快，它会使青春丰富多彩，它是清纯的生命旋律，是无比美丽的青春赞歌。

幸福的时候需要友谊，它能给我们的生活增添沁人的芳香；患难的时候，我们更需要友谊，朋友真诚的支持和鼓励会给我们克服困难的勇气和最大的动力，最牢固的友谊往往是在共患难中结成的。

人离不开友谊，但要得到真正的友谊却不容易，它需要用真诚去播种，用热情去灌溉，用原则去培养，用谅解去护理。

人非圣贤，孰能无过？友谊需要宽容，只有互相包容，互相谅解，友谊才能长久。长久的友谊就像陈年老酒，经历漫长的岁月后，愈发甘甜醇美。

友谊不需言语，一切的思想，一切的愿望，一切的希冀，都在无声的欢乐中发生并共享了。无论是深还是浅，无论是近还是远，我们都应当格外珍惜那些来之不易的人间友谊。

人在旅途

真正支撑我们走向终点的是我们坚强的品格和内心深处不灭的希望。

“生故欣然，死亦无憾。花落花开，水流不断。我兮何有，谁与安息。明月清风，不劳寻觅。”这是已故原中国佛教协会会长赵朴初先生的临终绝笔，短短 32 个字，却道尽了人生应有的生活态度，诠释着人生的真谛。

世人之所以有那么多痛苦和悲伤，之所以有那么多烦恼与忧愁，正是因为没有看透事物的实质，被一些外在的假象所蒙蔽。因此，我们活在人世间，就要有个活着的态度，豁达些，从容些，坦然些，开开心心地过好我们这一生。花开就有花谢，有生就有死，日月轮换，四季更替，我们要用一颗平常之心看待这一切，到我们离开这个世界的时候，我们就毫无遗憾地离开，坦然、从容地离开。

世界是美丽的，也是完美的，它本就没有缺失，它本就清静、平等而圆满，如果说有缺失，那是我们的心存在着不足。所以，人生还是应该少些贪欲，少些索求，当我们舍弃内心深处的贪嗔痴慢疑时，我们也就到达了清净无染的境地。

红尘弥漫，烟雨飘摇。我们一路走来，曲曲折折，行囊日益沉重，脚步渐失洒脱。回首过往，尘埃半掩的足迹里，留下了几多艰辛，几多迷茫，带走的只是岁月和时光，留给我们的只是额头上渐多的年轮和两鬓的白霜。时间不会因为我们的忧伤而显得短暂，也不会因为我们的快乐而变得漫长。来路迢迢，尘烟飘落，我们收获了很多，却也遗失了很多。

人海茫茫，世事纷扰，不知有多少人被私欲、贪求玷污了原本的纯净，很多人自以为看破了红尘，领悟了人生的真谛，自以为是，玩世不恭，他们不再坚守原有的信条，而是将精力移向浮华和缥缈，将本分看作古老而可笑的童话。名利地位、金钱财富如一块磁石，吸引他们去奔波。面对深渊他们无法站稳脚跟，尽管是虚无缥缈的东西，他们也耿耿于怀，煞费苦心。别人所求取的一切，他们都想得到，别人已经得到的，他们也想要掌控在自己手中。为了达到自己的私利，他们去争执，去欺骗，甚至巧立名目，偷梁换柱，营私舞弊，不择手段，直至得到方才心安，然而真正得到后又有了新的欲念，贪婪的心志几乎让他们变成了贪得无厌的巨兽，张开血盆大口吞噬着自己的人格和尊严。为此，他们的信念夭折了，他们的爱心葬送了。他们将灵魂做筹码，压在人生的赌桌上，忘记了自己究竟从哪里来，要到哪里去。

生活在这个物质极大丰富、科技急速发展的时代，丰富的物质可以满足人们的生活需求，却永远满足不了人们内心的贪欲。剥去华丽的外衣，露出的却是人鬼难辨的面目……

我们常感叹世态炎凉，人情疏远，人和人之间形同陌路。看破红尘纷扰，我们不由得发一些感慨。其实，人与人之间并没有什么远和近！只是彼此看待问题的心境不同罢了。

在人生的旅途之中，我们哭过，笑过，痛过，挣扎过，我们失去过，得到过，迷茫过，振奋过，当有一天回首往事的时候，会猛然发现，身后有两条踏踏实实的脚印，记载了我们一路的艰辛，一路的风雨，还有我们人生的价值。

社会纷繁，我们每个人面临的诱惑总是很多，究竟该如何取舍，怎样对待？在充满希望的生活中，人生是极其完美的，灵魂深处总有那么一点点对美好生活的希冀。在人生的旅途中有众多的抉择，最重要的，是我们想要选择什么。舍得是一种态度，简单是一种心境。要了解世界，我们不妨先认清自己，然后快乐地在人生的旅途上行进。

人生之旅，有山有水，有风有雨，人走在山水风雨中，只有学会舍弃，保持简单的心境，才能生活得踏实、轻松、安详、幸福。

舍弃贪欲，可以摆脱烦恼，摆脱纠缠，使整个身心沉浸到轻松、悠闲的宁静中去，可以轻装前进，去做自己要做的事，去做自己该做的事。舍弃该舍的欲望，会改善我们的气质，会使我们的心胸变得豁达而豪爽，更会让我们变得冷静和理智。

舍弃屈辱留下的仇恨，舍弃心中所有难言的负荷，舍弃耗费精力的争吵，舍弃没完没了的解释，舍弃对权力的追逐，舍弃对金钱的贪求，舍弃对虚名的争夺……人生充满选择，或彼或此，我们无时不在选择。正是因为有不同的选择，所以才会有千差万别的结局，才会有千姿百态的人生。

路过的风景

人生就是一次没有归途的旅程，抵达终点不是目的，风景就在行进的过程之中。

在人生道路上，我们欣喜过，满足过，侥幸过，也惋惜过，反思过，悔恨过。细细思索，我们曾经不遗余力不择手段去求取的，往往只是一文不值的身外之物，而一直以为微不足道，信手扬弃的，却又是那样地弥足珍贵！奔波一世，真正能够支撑我们走向终点的是坚强的品格和内心不灭的希望。

我常常在想，人生就是在行走的路上，刻意去赶路时，难免多了些匆忙，一站一站赶下去，只顾擦拭额头的汗水，却总是被汗水浸酸了眼睛，也就模糊了身边的风景。当我们在驿站里歇息下来，顺着脚下走过的路回头望望，才知道，眼睑已经被匆忙拉长，遮住了回望的目光，脑海里只是茫然，想再回头走一遍来时的路，脚步却已经蹒跚了。

漫步人生旅途，我们不必在乎其目的地，应该在意的是路过的风景，繁华的街道上，人潮汹涌，是否有一个地方可以安置漂泊的心灵，是否有一个地方可以安然栖身？烟花人间，岁月望尽，缅怀过去，千帆过后，都终究要回到原点。每个人都只是一个匆匆过客，身在江湖，有许多事是不得已而为之。生活就像一杯咖啡，用心品尝，将别有一番风味，人生就是一次没有归途的旅程，抵达终点不是目的，风景就在行进的过程中。旅途之中，我们或迷茫、或理性，或脆弱、或坚强，这些对我们来说都是一种经历，因为我们坚实地走过了人生。

不管我们的一生是风光壮美，还是暗淡平凡，都是人生的精彩，也都是人生不可或缺的经历。其实，任何事物都是如此，花开会谢，花谢还开，生死轮回，往来反复。为了在这个循环往复的过程中少受些伤害，就让我们的心保持一份平淡，保持一份坦然吧，那就少了很多很多痛苦和感伤。

落霞与孤鹜齐飞，秋水共长天一色。人应该学会品味生活中的点滴美丽，闲庭信步，笑看庭前花开花谢，去留无意，静观天上云卷云舒，用心去创造美丽。美丽是一滴滴润物无声的露珠，是一缕缕清爽怡人的春风，是一串串拨动心弦的音符，是一次次感动生命的诗句。生活的美丽，充盈着爱意，传递着真情，散发着诱人的芳香……珍视那些美丽，就是在珍视迎面走来的一个个成功的机遇。

生活中的美丽就在自己的眼睛里。有美，才有人生，生活的美丽是无处不在的。只要学会欣赏，苦也是一种美丽，丑也是一种美丽，如果你看不出来，那不要怪任何人、任何事，更不要怪这个世界，要怪只能怪自己没有发现罢了。人生经历的苦何其多，那么再多一次又何妨？因为多一次经历，就多一份精彩，就多一份财富，当我们再面对种种困难时就会从容许多，面对无数的挫折就会坦然许多，面对现实就会给自己增添一分信心和力量。

人生是一次漫长的旅途，在人生的旅途中，不可能是一帆风顺的，总会有突如其来的磨难与不幸。对于各种磨难与不幸，每个人的态度不尽相同：有的人惶惶不可终日；有的人索性破罐破摔；有的人则沉着冷静，坦然处之。

其实，人生是由无数的磨难与不幸堆积起来的。没有经历战争的硝烟炮火，哪能体会和平安定的珍贵？没有身处过黑暗的泥潭，哪能感受到光明的美好？没有承受过生活的风风雨雨，哪能知道风雨之后彩虹的美丽？人生或许多变，生活或许坎坷，但只要不放弃，用心去生活，相信我们一定可以生活得很快乐。

人生需要豁达，豁达地对待身边的朋友，才可能有快乐的人生。“千里传书只为墙，让他三尺又何妨？万里长城今犹在，不见当年秦始皇。”一首千古流传的佳句让我们佩服古人的豁达。而面对日新月异的当今社会，能保持一份平淡的心态是人生幸福至关重要的先决条件。要知道，刻意去追求某些无法实现的梦想，那都是自寻烦恼，庸人自扰。

走过了许多路后，回头再看看，其实人的一生又何其短暂。不要再浪费属于我们的每一分每一秒了，既然人在旅途之中，只须努力去过好每一天。用我们的努力告诉所有惦念着我们的朋友们，能健康地活着多好！

人有悲欢离合，月有阴晴圆缺。人生一世，如四季轮回，有百花绚丽的繁盛，也会有枝枯叶落的戚寂，有阳光灿烂的激昂，也会有大雨滂沱的狼狈，有花好月圆，同样有阴晴圆缺。无论我们来到人生的哪一段旅程，我们活着的主题其实非常简单，那便是感恩并享受身边实实在在的幸福，不管将来要付出多大的代价，我们都会无怨无悔。其实，想开了，人在旅途，到处都有风景。只要愿意去欣赏，愿意去投入，付出自己的真诚和努力，一切并不是失意时想得那么坏。明白了这一点，也是一种顿悟。

悠悠人生路

这个世界在意的，不是你声嘶力竭的哭声，而是你跌倒后如何爬起来。只有站起来，你才会有自己的高度。

“悲欣交集”是弘一大师在弥留之际的绝笔，这也是弘一大师一生的经历和写照，它诠释着人生的真谛，人生不过就是一个悲欣交集的过程。弘一大师在临终前还对身旁的侍者说：“假如说，生命在结束时，我的眼角还有泪水，那不是我对这个世界的留恋，是我对自己还有很多事情没有完成的忏悔。”

红尘滚滚，万丈波涛。都说人生是泥淖，其实，人生也罢，红尘也罢，什么也不是，不过是仁者见仁智者见智。春风得意、青云直上时，我们便称赞人生如歌，人生如花；命运不济、诸事不顺时便慨叹道路崎岖、人生如寄。其实，人生就是一次远行，就是一场跋涉，就是去感受人情的冷暖、世态的炎凉，去经历风雨的漂泊、世事的沧桑，然后在这一路的跋涉中去探索生命的价值，在所有的经历中去体悟生命的意义。

时光的车轮永远是只向前行，不会往后退，我们无法回到从前，就像我们不可能再有童年一样，不可能再找回从前的快乐、幸福、悲伤、痛苦。昨天，乃至前一秒，通通都不可能再回去，生命是一场无法回放的绝版电影。不要想如果，生命中不可承受之情，就在于人生没有重来的机会。不要总是想如果当初如何如何，现在就不会怎样怎样，每一个岔口的选择其实没有所谓的好与坏，只要把人生看成是自己独一无二的创作，就不会频频回首。人生只售单程票，过去的就过去了，更重要的是走好后面的路。

曾经握在手里的，不一定就是我们真正拥有的；我们所拥有的，也不一定就是我们真正铭刻在心的。世间太多美好的事物，对没有拥有的美好，我们一直在苦苦向往追求，为了获得而忙忙碌碌。其实自己真正所需要的，往往要许多年后才明白，甚至穷尽一生也不知所求。

人生是一条匆忙而短暂的旅途，其间接踵而来的会有很多艰辛和痛苦，如果我们让自己背上许多许多沉重的包袱，早晚会被这些沉重压弯了腰，压断了骨。浮沉宠辱，利害得失，使我们很容易产生千般思量，万般妄想，人生的意义停留在生命的表层，丧失了平常心，迷失了自己，一味贪求，终其一生难解生命的真谛。而我们一旦具备了平常心，就会闲看庭前花开花落，任凭窗外云卷云飞，得不喜，失不忧，宠不惊，辱不恼，一心一意，成就大事。有时，人生就像一汀烟雨，淅淅沥沥，朦朦胧胧；有时，人生是杨柳岸晓风残月；有时，人生是风雨如晦，鸡鸣不已。人生就是这样，时而风霜，时而花香，起起伏伏，跌跌撞撞，而我们也是时而笑靥如花，时而泪雨纷飞，而这就是我们的人生。

并不是每个夜晚都能皓月当空，不是每一个梦想都能如愿以偿，不是每个时刻都能拥有一份好心情，生活中，七彩俱触，五味皆尝。人生是一门深刻的艺术，读懂人生是对生命最好的诠释。人生未必尽如人意，为了所谓的得失、成败，我们失落过，沮丧过，也消沉过。但不要忘了，除却鲜花和掌声、微笑和赞美，烦恼和不顺也是生活的点缀，纵然人生的历程不能全由自己来安排，但人生的道路却全靠自己一步一步地去走。人生的旅途酸甜苦辣百味俱有，自己亲自尝过，才懂得什么是人生。尝尽生活的百般滋味，人生才会如花般绚烂溢彩，我们才可以在这过程中一步步走向成熟。

不要为某件事或某个人而错过花开的季节，每天都有明媚的阳光，每天都有花儿开放，世界一直都很美丽，感觉不到美丽是心情不够明朗。很多东西放不下只是徒增许多的烦恼，无论心里有多么不舍，只要它给自己带来了痛苦，抱着不放只是让自己平添生活的不愉快。再优美的旋律，也会有情殇；再期盼的目光，也会有迷惘；再纯净的文字，也会有悲伤；再动人的风花雪月，也等不到地久天长。不要抓住回忆不放，断了线的风筝，只能让它飞，放过它，也是放过自己。

百年人生，在历史的长河中就像一朵小小的浪花，但是，对于正在经历中的我们来说，又是如此的漫长。在这漫长的人生道路上，我们不知会遇见多少人，不知会和多少人相逢，会和多少人牵手，但是，无论是擦肩而过，还是执手而行，总是相聚又相离。也许，有的人，在我们的记忆里是刻骨铭心的深刻，无法忘记；也许，有的人，像一阵风轻轻地从我们身旁飘拂而过，转眼就了无痕迹。也许，有的人留给了我们欢乐，有的人留下了痛苦，有的人二者都留下过。无论是何种，请在心底对所有生命里的过客都道声感谢：因为你们，让我的生命如此丰盈而美丽。

人生就好比是一个大舞台，我们每个人都是一名好演员，无非是分别扮演的角色不同。有名角，也有配角，有正面，也有反面，在现实生活中也一样，有幸福同时也有痛苦，有欢乐就会有悲伤，有得到也会有放弃，有失望更会有希望。但是，我们要记住，生命更注重过程而不是目的。即使道路很坎坷，也不要恐惧，不要害怕，勇敢者的面前才有路。苦和甜来自外界，体味幸福则来自内心，只要心里有希望，就有无限的力量。无论在什么时候，无论处境多么艰难，只要活在希望中，就会看到光明，这光明也将会伴随我们的一生。

人的一生难免要遭受很多的苦难，在困难面前，很多人会失去自信、自尊，会被击垮，这些人成了苦难的奴隶；也有一些人仍然保持着自己的尊严，不向苦难低头，这些人把苦难当成了奴隶。无论是有着与生俱来的残缺，还是惨遭生活的不幸，只要勇于面对苦难，自强不息，就一定会赢得掌声，赢得成功，赢得幸福。有些伤口，时间久了就会慢慢长好；有些委屈，想通了也就释然了；有些伤痛，忍过了疼久了也就习惯了。并不是所有的疼痛都可以呐喊，我们更需要的是坚强。难过了，哭泣不是唯一的表达方式，把泪咽回肚中，就用坚强来掩盖脆弱；失败了，沮丧会让心灵更加卑微，不如驱走受挫的阴霾，让阳光来抚慰心伤。这个世界在意的，不是你声嘶力竭的哭声，而是你跌倒后如何爬起来。不要轻易向别人展示伤口，那样得到的不过是些许怜悯，只有站起来，你才会有自己的高度。

人生的美与丑、好与坏，只在自己内心的感受里。不是生活给了我们许多的困扰，不是社会给了我们许多的压力，是我们自己内心中那许许多多的私心杂念、妄想和贪婪制造了种种的苦恼和痛苦。很多事情，忍一忍，让一让，就过去了，不必针锋相对，不必耿耿于怀，不必锱铢必较，不必寸步不让，看开些，看淡些，豁达些，从容些，人生会轻松许多。有时候执着是一种负担，甚至是一种苦楚，计较得太多就成了一种羁绊，迷失太久便成了一种痛苦。放弃是一种胸怀，忍耐是一种成熟，是对自我内心的一种自信和把握。放弃，不是放弃追求，忍耐，不是没有底线，是让人以豁达的心态、宽广的胸怀去面对生活。

在这个无垠的世界里，每个人的生命都是一次单程的旅程，不管你的路是长还是短，只要终点一到，所有生命以外的东西都得卸下，即使你腰缠无数的功名和利禄，也不会带一丝一毫进天堂。生活就是如此，很多故事的结局也许是注定的。但有人说，既然知道结局，为什么要承受痛苦呢？但这就是生活，故事自然开始，何不让它自然发展呢？

岁月总会给我们留下一些抱怨和遗憾，但正是这些抱怨和遗憾，让我们重新认识自己，并激励我们勇往直前。或许忙碌的我们易受凡尘琐事的羁绊，那也别忘了在闲暇时，用心数数那散落了一地的感动。如果拥有一颗感恩的心，就会时时感恩生活赋予的美好，而不是去抱怨命运的不公。停止抱怨，忘掉抱怨，让我们在岁月的风华中渐渐从容而淡定吧，善良、从容、豁达、包容会陪我们走过人生的旅程，走过风风雨雨，走过春夏秋冬。人生路悠悠，但是，路有尽头，爱无绝期。如是人生，如是走过。

面子与命运的关系

心胸宽广，才能包容更多的朋友，才会拥有更多真诚的朋友。

命运究竟是什么？许多人把自己的面子和命运连在一起，认为有面子就是命运好，命运好就有面子。于是很多人都爱面子，可是，面子总是和我们捉迷藏，你越爱面子，面子就离你越远。那么，什么是面子？面子是一种身份的炫耀？是别人对自己的一种尊重？

命运总是和我们开着让人啼笑皆非的玩笑，越是爱面子的人，遇到事情时，越会为了保卫自己的面子与人争执甚至大发脾气，这样只是让自己在他人心中尊严全无，为了争面子，最后反倒是什么面子都没有。一个豁达的人，不会太在意自己的面子，即使遭遇尴尬的场面，也能自嘲地戏谑自己一番，因为不那么计较自己的面子，反倒化尴尬为幽默。取笑自己，宽容别人，非但没有让自己丢面子，恰恰相反，展示的是自己豁达大度的胸怀和从容应变的智慧。

面子不是自己能争得来的，但是我们能挣得来，用包容和真诚能挣来真正的面子。我们要学会先给别人面子，别人才会发自内心地给我们面子，说白了就是你尊重别人，别人才能尊重你，尊重别人就是尊重自己。你能包容别人的缺点，懂得给别人留够面子，也就是给别人留余地，你给别人留的余地有多大，你的面子才有多大。如果只顾及自己的面子，却把他人的过失或是短处在众人面前大肆宣扬，你不给别人留面子，别人又怎么会给你留面子？

命运是互换的，给别人留够面子，余地有多大，面子就有多大。相反，越重视个人的面子，人生的路就越窄，最后你也得不到自己想要的所谓的面子。面子，不需要外在的精心装饰，不需要自我的谨慎保卫，不需要刻意地努力争取，只需要我们从容地看淡得失、大度地包容别人的脸面。

爱面子其实是一种盲目的逞能好胜，结果只会是给自己徒增了许多无聊的烦恼。你过分在意面子，最后就会沦为面子的奴隶；你看开了面子，面子反倒成为我们的附庸。与人相处，不妨多一些包容，多一些坦荡，多一些真诚，不必要对身边的人过于苛求，求全责备只会给他人带来太多的紧张和压力。当有不快产生时，不是他人有哪里不好，是我们自己的心胸不宽。心胸宽广，才能包容更多的朋友，才会拥有更多真诚的朋友，有朋友，才有面子，才有一个好的命运。

泪水有多重

泪水的轻重就看你对命运的态度：懦弱，泪水能击垮你；坚强，泪水就是一种装饰，并会给你一个精彩的人生。

从前有个猎人看到天上有只鸟，开了三枪都没打中，但是那只鸟还是掉了下来，原来，那只鸟没有等到被子弹打中就吓死了。生活里没有战胜不了的困难，只有缺少面对困难的勇气的心。

我们生活在这个世界，轰轰烈烈也罢，普普通通也罢，谁的一生几乎都有过泪水的流淌，有过高兴时激动的泪水，有过痛苦时悲伤的泪水，泪水有多重？有时，眼泪很重，足以击垮、淹没懦弱；有时，眼泪很轻，当我们勇敢地面对困难时，泪水的回忆仅仅是装饰，一种生命的装饰，展现的是愉悦的心情。泪水的轻重就看你对命运的态度：懦弱，泪水能击垮你；坚强，泪水就是一种装饰，并会给你一个精彩的人生。

活着原本是一件幸运的事，生命它原本就带给我们很多东西，我们穷尽一生的时光，就是去体会和感受生命中的欢笑，泪水，悲伤，幸福。生命也正是因为经过风雨的浸润，才深深地烙上了岁月的痕迹，对一个坚强的人来说，是生命里的风雨和泪水惊艳了岁月，渲染了年华。

冰冷的不只是心

奉献从来都是朴素的、默默的，奉献给这个社会一份精彩，奉献给这个世界无限爱意，也会奉献给自己无限的充实。

人生就是这样，前途是光明的，道路却是曲折的。如果命运不宠你，就请善待自己，不要让自己的心变得冰冷、沉默，不要让自己的灵魂变得渺小、可悲。

没有一个善良的灵魂，就没有美德可言。假如我们对别人的不幸不屑一顾，对别人的痛苦漠不关心，那冰冷的就不只是心，缺失的是心灵的温暖，缺失的是一份修养，一种道德。要知道，人生下来不是为了抱着锁链封闭自己的，而是为了展开双翼，播撒爱心的。善良是人的本性，我们心中有真善美，看见弱小者才会自觉地去扶助，看见贫穷者才会情不自禁地产生同情，在他人寒冷时才愿意去雪中送炭。真善美是我们内心最宝贵的财富，是我们赖以生存和彼此心灵相通的链条。

真善美是深埋在我们内心的根系，只有内心里有善，才能够生出奉献的枝干，只要内心里有爱，我们的世界才会充满温暖。不要让自己的内心世界泯灭了善良，缺失了爱意，因为无心不知，无情不爱，无缘不聚，无梦不圆，不要让自己浑浑噩噩地走这一回人生，趁我们有能力，尽自己所能，多为社会做些贡献，少给这个社会添麻烦，尽自己的绵薄之力，让社会多一分温暖，少一分冷漠。

奉献从来都是朴素的、默默的，奉献给这个社会一份精彩，奉献给这个世界无限爱意，也会奉献给自己无限的充实。那就让我们在感动别人的同时，也被别人所感动，从而形成一股循环的暖流，滋润我们那些苦涩而艰难的日子，快乐地度过我们的人生，让我们的内心和大树一样，盛开出满枝善良的花朵，结出满枝奉献的果实吧！

李清照的泪水

欢笑过后的落寞，悲伤后面的遗憾，共同构成了人生中亮丽的彩虹，这些都是生命的意义。

“寻寻觅觅，冷冷清清，凄凄惨惨戚戚。”易安居士这一声凄美的吟唱，饱含了多少思乡的泪水、亡国的伤痛、孤独的怅惘。从名门闺秀的不知人间苦，到举案齐眉的柔情蜜意，再到悲悲戚戚的孑然一身，李清照的心境，怎一个“愁”字了得？

走近李清照，我们仿佛触摸着一部厚重的历史。我们在历史烟尘宋词风雨里，在广阔而深厚的人间尘世里，把思想向更远更深邃的地方伸展，感悟岁月的沧桑、人生的壮美，感悟天人合一的诗意，于是就获得生命的体悟和精神的皈依。

有过藕花深处争渡的欢愉，有过倚门偷回首的俏皮，有过九万里风鹏正举的豪迈，有过踏雪寻梅花下醉的浪漫，有过独抱浓愁无好梦的酸涩，有过寻寻觅觅、冷冷清清的凄凉。无论何种，她的每一段生命都被她的才情浸染得充满诗意，精彩又美丽。在风雨飘摇的日子里，她步履蹒跚地走过，在世事沧桑中顿悟，原来“古来万事东流水”，原来一切不过落花流水春去也，天上人间。

人间正道是沧桑。历经艰辛坎坷的易安居士，在接踵而来的灾难中煅烧着自己的灵魂，在凄冷悲苦中寻找生命的真谛。虽然是在形单影只、孤苦伶仃的暮年，虽然饱含国破家亡的深深的痛楚，但易安居士凄美的词中依然有秋菊的芬芳，有暮雨的缱绻。

点点暮雨，点点忧伤，在黄昏细雨中，她轻唱着哀怨，轻叹着离愁，在清风低吟中，她默默地洒下百转的柔情。怅然地望着北归的大雁渐渐地消失在天际，默默地把忧伤谱成婉转的旋律，悠悠浅浅地清唱出来，就成了千古的绝唱，响彻了千年的时光，在词苑的天空久久回荡。

其实，我们每一个人都一直在路上，踏着沿路的风景寻寻觅觅。红尘路上，不管有多大的磨难，不管有多急的风雨，始终都不要放弃，不妨从容而行，笑对每一个花开花落的日子。甘甜也好，苦涩也罢，所有的所有，包括完美背后的缺失，欢笑过后的落寞，悲伤后面的遗憾，共同构成了人生中亮丽的彩虹，这些都是生命的意义。回首，却不必回头。

第二章

惜年

浮光掠影，又是中秋

美好的，留在心底；遗憾的，随风散去。开心地去走我们当下的每一步。

“千里江山昨梦非，转眼秋光如许。”月白风清，秋风乍起，中秋的脚步也在祝福声中渐渐向我们走近了。

中秋，是个团圆的日子，月圆象征着人圆。可是身处他乡，天涯羁旅的游子，因为关山阻隔，因为山长水远，因为滚滚红尘的牵绊，而无法与亲人团聚。虽同守一轮明月，只好满怀浓浓的乡愁，依旧浪迹天涯。

月有阴晴圆缺，人有悲欢离合。我们知道，天不可能总随人的心愿，而人不会处处都随顺天意。也许生命本身就是一个不完整的过程。皓月当空，不管离家多远，不管身处何方，我们总会无比思念故乡和亲人。“月到中秋分外明”，月光如水，我们期盼团圆。但是，人生无常，月圆时人不团圆，人团圆时月不圆。此时我们才真正体会到人生的幸福是团聚，人生的痛苦是别离。

世间总有一些事，是我们永远无法解释也无法说清的，我们必须要接受自己的渺小和自己的无能为力。

岁过中秋，便开始了季节的凋零，最终，一切鲜活的生命都将在年轮的边缘被冬的积雪所覆盖，梦幻的颜色将变得单调而缺少生机。如同生命的流逝不可逆转，“情疏迹远只香留”是最终的归宿。人世间的恩怨仇、对错是非终会随着岁月的老去而渐渐归于寂静。

走在岁月的通道，我们想要逃避生命中一些尴尬的时刻，但生命的细绳上总不免会有一些来回摇荡着的虚无和莫名的惆怅。“人生代代无穷已，江月年年只相似。”曾几何时，这月光辉映过多少或气吞万里，或激情豪放的王侯将相、才子佳人们。此夜、此刻、此地，同样的月光属于你、属于我，这千古不变的清幽月光似乎在昭示人们：内心的平和才最珍贵。

人们总是在不断地努力着，可有时却不知自己为何而努力，自己是否真正地活着。也许自己的人生太过戏剧，总觉得世事变化太快，让人来不及思考。人总是在不断地学习着，不停歇地往前走着，每当我们停下脚步回头看时，难免有些惆怅，那些遗憾已无法挽回，那些美好已不能重来。因此，我们只能正视现实。美好的，留在心底；遗憾的，随风散去。开心地去走我们当下的每一步。

有道是“江天一色无纤尘，皎皎空中孤月轮，江畔何人初见月，江月何时初照人”。千百年来，月亮仍在遥远的天国俯瞰着人世间的悲欢离合、兴衰荣辱。任你烽火连天、炮声隆隆，抑或天灾人祸、洪流滚滚，又或笙歌盈野、一片祥和，她都不改其衷，该来的时候来，该走的时候走，将她圣洁的光芒无私地分给人间，照亮华舍宫廷，也照向茅屋陋巷，既为幸福的人照明，也眷顾不幸的人。月亮永远慷慨地给予，不厚此薄彼，永远那么从容，那么大度。

“但愿人长久，千里共婵娟。”在月圆的时候许下你的愿望吧。

人活一辈子

辉煌过后终将归于平淡，我们要保持清醒的头脑，闲看潮起潮落，淡观云卷云舒，用平常心去对待人世间的荣辱得失和恩怨情仇。

人生一世，草木一秋。走过百年人生，可能感觉很漫长，但相对于无边无际的宇宙，它是那么短暂，可谓转瞬即逝。那么，该如何把握我们的一生呢？

我们的一生中有太多的无奈，为寻不到知己而失落，为不敢面对现实而装傻，不快乐、不自在的事情总是在等着我们。有些人我们有很多机会相见，却总找借口推脱，到想见的时候已经没机会了；有些话我们有很多机会说，却想着以后再说，而要说的时候，已经没机会了；有些事我们有很多机会去做，却一天一天拖延，等想做的时候却发现机会没了；有些人给了我们很多可以表达的机会，我们当时却不在意，终于想要表达的时候，已经没机会了……太多太多的无奈弄得我们很伤感，所以有时会不明所以地生气，会感觉自己很无助。

人活一辈子，会遭遇许多无可奈何的事，邂逅许多人，不到最后一刻都是无从得知的。我们的错误之一是在该首肯的时刻却违心地缄默，从而让漫长的余生都浸泡在悔恨当中。或许就在我们不留意时，一生中唯一的机会已经与我们擦肩而过。人活一辈子，就是活在自我与环境的矛盾当中，所以我们要好好珍惜眼前所有的一切，珍惜眼前所有的人，不要把希望寄托在遥不可及的未来。

人生就像一杯水，洒在地上，转瞬间就和泥土化为一体，烟消云散。光阴如此短暂，生活中那些无聊事，根本不值得我们花费宝贵的时间去生气。在生活中我们都有过为琐事生气的经历，无非是为了争高低、论强弱、分胜负……可争来争去，谁都不是最终的赢家。当我们闭上眼睛和这个世界告别的时候，我们和普天下所有的人一样，一无所有，两手空空。

人生数十载，来去匆匆，带不走尘世间的任何一件俗物。命运之轮在不停地旋转，自始至终不曾为任何一处景象而停留，唯独抹不去的是记忆，它会伴随我们的一生。也许它很美好，也许它很苦涩，也许它平淡无奇，也许它丰富多彩。但是，它是我们一生一世所拥有的财富，是我们一生的收获。记住那些该记住的，祝福经历的所有，把美好的时刻保留到人生的最后一刻，开心和快乐会伴随我们一生。

人生在世，我们不可能一帆风顺，难免会遇到风雨和坎坷，难免会遇到磨难和挫折，这就是人生。而这风雨的洗礼和冰霜的磨砺是上苍对我们的考验，它是对强者的奖励，它会使我们的素质得到提升，使我们的品格更加高尚，它会使我们心灵更加坚强。也许我们会失败，也许我们的事业没有成功，其实成功的标准没有一个统一的尺度，每个人都有自己不同的衡量标准，只要我们努力了，尽心尽力了，我们就不会后悔。失败了不要气馁，跌倒了爬起来，只要不失信心，成功就在下一个时刻等着我们。其实，人生就是一个不断奋斗的过程，我们在这个过程中，只要学会了坚强，所有的一切都是为下一次成功做准备。

每个人都会有成功和辉煌的时候，但是，这个时刻不会恒久，辉煌过后终将归于平淡，我们要保持清醒的头脑，闲看潮起潮落，淡观云卷云舒，用平常心去对待人世间的荣辱得失和恩怨情仇。

当我们走过漫长的岁月春秋，生活积淀下来的只剩下刻满累累伤痕的记忆时，当日夜为生活所忙，为情感所累，走过一段路程，驻足回首时，我们总会发出“人生苦短”的感慨。其实，人之所以为人，就应该体验和感悟人生的整个过程和过程中无情或有情的每一个细节。人就这么一生，生命就这么一次，该说的话说出来，该做的事抓紧去做，很多事情错过了，就永远回不来了，要好好把握，珍惜上苍给我们的每一次机会，不要让有限的人生留下太多的遗憾。只有把握生命的瞬间，我们才能获得人生的永恒。

美丽的转折

只有坚强才是成功的保障，要保持清醒的头脑，因为，今天的成功并不等于永久的辉煌。

冰封北国，烟雨江南，时间到了一年的最后一个季节，人在旅途，又是一个美丽的转折点。

你可能成功，可能辉煌，但过去的一页已经翻过去了，已经成为历史。不要泯灭了你本性的善良，即使你是达官显贵，也不要忘了生养你的父母和养育你的故土家乡。我们可以让更多的人分享你的喜悦，把你的爱心传播，把你成功的经验传唱。没有人知道你成功背后的艰辛，成功的路途并不平坦，让世人晓得只有坚强才是成功的保障，要保持清醒的头脑，因为，今天的成功并不等于永久的辉煌，今后的路还很漫长。

你可能很平凡，也可能碌碌无为。人世间就是这样的无常，有很多的无奈，也有很多不知所措，每个人都怀揣不同的梦想，奔走在社会的各界，不是每个人都能如愿以偿。不要气馁，不要彷徨，得失皆是平常。不要为一时的成败而沮丧，只要不失信心，后面的路就充满了曙光。

历史不会重演，地球不会倒转。我们既不要为胜利沾沾自喜，也不要因失败而怀疑生活，我们可以更加努力，用一份真诚去迎接属于自己的成功。

又见桃花飞满天

过去的已经过去，放飞自己，看看眼前的美景，眺望蔚蓝的天空，这是大自然的馈赠。

又见桃花飞满天。沐浴在温暖的阳光下，走在温暖的春风里，看桃花绽放。一株株，一朵朵灿若云霞。桃花，迎春而发，迎春而动。春尚襁褓，她已孕蕾，南雁未归，她已灿烂，盛开的桃花在阳光中临风而舞，绽开她粉红色的花裙，湛蓝的天空把她映衬得格外迷人。仿佛一夜之间，那一枝枝灼灼盛开的桃花，在三月的和风中轻启朱唇，笑靥明媚，让我们的双眼染满春天最初的颜色。

又见桃花飞满天，桃红柳绿在枝头。她们争相怒放，一朵朵，一束束，高高低低，层层叠叠，顾盼生姿，笑靥怡人。展示着千娇百媚的容颜，绽放出生命的激情。

桃红又是一年春。岁月的流逝是否已抚平你心中的伤痛，但愿这桃红柳绿能够唤起你心中最美好的记忆。我们生活在繁杂的人世间，与很多人交往，处理很多的事情。人生不如意事十之八九，没有必要那么在意，生活本来如此，不妨看淡一些，过去的已经过去，没有必要自己跟自己过不去。凡事多往好处想，放飞自己，看看眼前的美景，眺望蔚蓝的天空，这都是大自然的馈赠。

“问余何意栖碧山，笑而不答心自闲。桃花流水窅然去，别有天地非人间。”桃花，流水，青山，这不是“非人间”的仙境，又是何处？此时此地就是天上人间，就是世外桃源。

“人面不知何处去，桃花依旧笑春风”，珍惜眼前的大好光阴，珍惜你身边的每一个人吧。今天大家在一起，明天可能就各奔东西，那些恩怨情仇、是是非非又能值几文？为免以后后悔，无法挽回，再去看一眼桃花吧！这是大自然的恩赐，看看桃花，听听桃花的心语，花丛中笑对春风的桃花，她在为谁而笑，为谁而绽放？终是赢得“桃之夭夭，灼灼其华”的美艳千古流芳。

“三月桃花八月开，秋天石榴春天采。”大自然的春天可能很短暂，桃花的生命也只有短短的二十几天，随后便香消玉碎。春去春回，桃花仍旧这样年年岁岁盛开。但愿我们的心中春常在，花常开，我们的心中是永远的春天。

再见春天

再见不是为了把往事淡忘，不是为了和它们告别，而是让我们抛掉过去的恩怨情仇、是非短长。

和风徐徐，春回大地。鸟语花香，杨柳吐绿。北方的天气虽然还有些春寒料峭，但是，靠近南墙根的小草已经拱出地面，郊外的柳树已经发青，野花正在含苞待放。连树上的小鸟也比以往鸣叫得更清脆悦耳，清晨的阳光暖意洋洋，让人备感灿烂和明媚。这一切都在告诉我们，春天来了。

“乍暖还寒时候，最难将息，三杯两盏淡酒，怎敌他，晚来风急?”李清照的诗词让我浮想联翩。流失的岁月，逝去的光阴中，每个人都有自己的故事，愉快的，忧伤的，如愿的，无奈的，快乐的，悲伤的……在这里，时空交叠着，角色变换着。不论是痛苦多于欢笑，抑或是伤心的眼泪多过快乐的微笑，总之，一切都已成为过去。

我们过去可能有过成功，但它已属于过去，如何走好未来的路才是我们的当务之急；过去可能有过喜悦，应该保持这份心情，用一种乐观、豁达的心态，去实现今后的梦想；过去可能有过失败，失败的阴影不能总笼罩在自己的心头，总是悲观失望，沉浸在痛苦之中，会让自己迷失了前进的方向，要学会坚强，坚强才是成功的脊梁。

生活当中，人最该珍惜的应该是围绕在身边的人和事，而我们却常常不懂得珍惜，等到后悔时，已经造成了不可挽回的结局。

过往的人，过往的事，所有的一切往事，让我们轻轻对它们说声再见吧！再见不是为了把往事淡忘，不是为了和它们告别，而是让我们抛掉过去的恩怨情仇、是非短长。我们要重新开始新的生活。

又是一年春来早，我们可以收拾好过往的沉思，抛却所有的痛苦和烦恼，抖擞精神，用崭新的面貌，树立坚强的信心，付出自己最大的努力，去完成自己的理想，用微笑面对充满希望的明天，因为那又将是你人生道路上全新的开始。

过年了

不要认为名利是多么珍贵，世界上最珍贵的是抹不去的记忆。

不经意间，又到了岁末。我们心头也许会有一些失落。但是，没有飞雪的季节，怎么会有花香满园？理一理这千头万绪的感慨，年关到了。想一想自己那些平时忽略的事情，或许年关就是上天给我们安排的一个思考的时刻。

孩子们盼过年，希望一家人更团圆。这只是一点点小小的希望，不要辜负他们本来就很少的期盼。礼物不在多，也许只需要你那一张开心的笑脸，孩子会将这张笑脸刻在记忆中。不要认为名利是多么珍贵，世界上最珍贵的是抹不去的记忆。

老人们盼过年，只是想看看大家是否平安。我们不要认为只有世间的得失会让你牵肠挂肚，当你站在旷野，再也得不到至爱的亲人，那一声声亲切的呼唤，你会感到你一无所有。为了让自己少一些遗憾，收拾收拾行装，回家过年吧！

过年了，不管你自己心头如何滋味，也要明白自己是擎天的柱，自己是那希望的灯。抹去辛酸的泪水，要把准备好的笑容拿出来。

过年了，在我们人生中，新的一页又将翻启，忘掉过去所有的忧伤，抛却人生中一切的是非恩怨。细细思忖，在你身边的每一个人，不是你的至交，就是你的亲人，计较那些对错是非，又有什么意义呢？

过年了，新的一年即将开始，让我们放下以往所有的成见，宽容别人所有的过失，原谅所有无意的伤害吧。让我们放飞心灵，登高望远，敞开心扉，去感受大自然的美丽，体味生活当中的乐趣。开开心心过年，才是我们最该做的事。

过年了，别忘了问候所有的亲戚故旧和你的父母兄弟，还有与你有联系的每个朋友，是他们成就了你的人生，让我们感恩这个时代，感恩这个社会，感恩身边的每个人吧！

过年了，又是一年春来早，也许在南国的早晨已经能闻到阵阵花香。它充满希望，也充满梦想。愿我们每个人都梦想成真，愿我们每个人的努力都有收获。

过年了，大家都在等这一天，等得已经很久，等的就是我们那一张张充满希望的笑脸。

明天会更好

人生可以没有很多东西，却唯独不能没有希望，有希望之处，生命就生生不息！

人的一生会有许多许多的经历，或开心、或悲伤、或顺利、或坎坷，无论什么时候，都不要让失望抬头，不要让泪水滂沱，让心事漫卷。纵然心事像那船儿的双桨，在心湖里搅起不尽的涟漪，也别忘了残冬赏雪，初夏听雨；即使阴霾去了又复返，也别错过了生命的葱茏，青春的绚烂。

人生就像是走路，低头看到的是阴影，抬头看到的才可能是阳光。每个人的道路都经历过崎岖，人生的道路免不了会有崎岖陡峭，但是我们不要轻易放弃，要相信阳光总在风雨后，只要坚持，美好的明天肯定会等待着我们。无论现在的道路有多么崎岖艰难，只要抬起头，看看明媚的阳光，我们就会知道明天将会有多么地美好。

每一个明天在我们面前都是一个奋斗的目标，因为每个明天都是新鲜的，充满挑战性的。我们可以用自己的忠诚、拼搏、奋斗获得今天的胜利，但是我们无法预料明天会是什么样的结局。在攀登人生顶峰的道路上，明天就像是一个一个的台阶，只有把一个又一个的台阶踩在自己的脚下，我们才能登上绝顶，一览众山小。

生活中，恐惧是勇敢的影子，快乐和悲伤同行，危机中暗藏着良机，阻碍中预示着希望，沉郁中包含着梦想。自卑的隔壁就是自信，哪怕只是一息尚存，我们也应该从迷雾中勇敢穿越，从阴霾中迈向阳光，从黑暗中迎接光明，从绝望中创造希望。只有摆脱今天的黯然神伤，振作精神，勇往直前，这样才能前进，如果停止不前的话，我们永远也不会看到明天灿烂的阳光。

失败并不可怕，可怕的是在失败的时候失去信心。如果在风雨中我们退却了，那我们的理想就会搁浅在风的无情吹打中；如果我们能够不因为生活中的一点点挫折而停止前进，不因为一时的困苦就一蹶不振，不因为自己的软弱而知难而退，如果我们能够战胜自己的怯懦，如果我们能够为自己的理想坚持下去，我们就一定会收获成功的喜悦。

让我们的脚步永远都踏着希望的节奏前进吧，只要沿着一条路不停地走下去，我们就能享受沿途不断变换的旖旎风光。永远都没有错路，因为每一路的风光都是唯一的。在挑战中，我们踏碎的是崎岖坎坷，得到的是造化赐予的纯美的琼浆玉液。

秋天到了，已经泛黄的树叶开始轻轻地随风飘落，在微风里起舞，用手轻触叶片，它似乎感觉到我们的怜惜，盈盈一笑，轻轻地说：“不要叹息，飘零不是对自己幸福的放弃。我将融入冬天的土壤里，怀着深爱，继续守护着我梦想的天堂，在来年春天的枝头将生命重新绽放。”然后，在秋风里，叶子继续欢快地舞了一曲又一曲。

人生可以没有很多东西，却唯独不能没有希望，有希望之处，生命就生生不息！

投入生活，拥抱每天新升的太阳，在暮色苍茫中欣慰地感激生活的恩典，每一秒都变得很有意义。虚掷时间就是浪费生命，只要去做，我们就有希望实现梦想，只要去走，总会有一天到达彼岸。

轻轻地敲醒沉睡的心灵，慢慢张开我们的眼睛，浓浓的春意已挂在所有的枝头，让春风拂去昨日的忧愁，让昨日脸上的泪痕随记忆风干，让我们的笑容绽放得如同花儿一般灿烂，伸出双手，用我们的热情去拥抱梦想。无论将来还会遇到多少的艰辛困苦，都要对自己说：明天会更好！曾经的心酸也罢，荣耀也罢，一并忘却，怀揣着梦想，踏上新的旅途吧。希望在我们自己的手中，只要满怀着对未来的希望，明天就会更好！

百年人生一过客

真正的快乐是与人同乐，最大的快乐是给人快乐！

茫茫尘世，岁月悠悠，轻叹流年，几十年匆匆岁月，弹指一笑间。流年似水，流走了红尘间的岁月。在风雨飘摇里，几度阴晴圆缺，生命太过短暂，生活又太过繁杂。生活在凡俗的尘世间，每个人都很难摆脱世俗的烦扰、情感的纠结、是非的困惑，我们有时很想让自己真正地变得脱俗，远离尘世间诸多爱恨情仇的束缚，能够大彻大悟，跳出三界外，看破红尘，不理恩怨是非，逍遥自在，可是又有几个人能真正做得到呢？

百年岁月，几经跌宕起伏，几经风霜雪雨，最后能够留下的最重要的事情是什么呢？人生如朝露易逝，百年转瞬即前尘，不妨找一个能让自己好好活着的支点，找一个能让自己这如朝露般的人生更加精彩的支点，让我们的人生少一些遗憾，少一些怨言。生命只是一个过程，可悲的是，它不能够重来，可喜的是，它也不需要重来。在这个过程中，有的人得到了荣华富贵、鲜花和掌声；有的人尝尽了苦涩，受尽了苦难。其实，现实生活对每个人都是一样，社会在竞争中前进，人生在磨砺中成长。所以，困难也好，成功也好，顺利也好，挫折也好，它不会厚此薄彼，都是对每个人素质、能力、生命质量的提纯和升华。

人生百年，如过客匆匆。轻松愉快、开心快乐才是我们生活的主题。负重前行，就无法欣赏沿途的美景；心头总是笼罩着阴霾，就不可能享受温暖的阳光；内心充满了怨恨，我们就无法获得幸福的生活。放下荣辱，放下贪嗔，放下嫉妒，放下怨恨，放下偏执，放下毁誉，放下悲伤，放下苦恼，放下一切烦恼，放下一切忧愁，放下生活的风风雨雨，放下岁月的苦辣酸甜，放下欲望，放下艰难的执着，放下痛苦的追求，放下就是抛弃心灵的污垢，放下就是解脱，放下就是自由，放下就是快乐。

我们生活在人世间，没有事事如意的人生，一切聚散离合、是非得失本是人间常事，在这纷纭莫测的生活中，我们要学会收放自如，拥有一颗平和的心，一切都会变得那么祥和与美丽。在人生旅途上，不管工作、生存环境多么艰辛，只要自己珍惜人生，珍爱生命，学会卸载背上的名利、地位、情欲、人情等诸多重负，保持一颗轻松的心，就能给庸俗的日子以诗意，给沉闷的空气以清新。让生命之舟满载着歌声、笑声和阳光，去享受生命旅程的乐趣吧！

百年人生一过客，燕来燕去一首歌。无论苦辣酸甜，无论喜怒哀乐，也无论成功失败，我们要始终保持平静的心态去面对人生。如果我们无论在什么时候、什么地方都能够给人们留下最美好的东西，那生活该会是多么愉快，多么幸福，多么有意义啊！真正的快乐是与人同乐，最大的快乐是给人快乐！当我们学着慢慢地与生活讲和时，我们的脸上会洋溢着温暖的笑容，每天也会拥有愉快的心情！

走过 2008

唯有珍惜，可以令生命闪光。只要没有倒下，我们就要珍惜现在所有的一切。

世事重重叠叠山，人生弯弯曲曲水。感受了大自然的无常，经受了撕心裂肺的悲伤，也见证了喜悦和辉煌，2008 是个不平凡的年度。它在人类征程上写下了浓重、深刻的一笔。

走过 2008，奥运盛会成功举办，向世界展示了东方古国五千年灿烂的文化和现代中国热情开放的崭新面貌，也让我们看到了祖国的强大，对美好的未来无比憧憬与向往……2008 这一年，几次灾难让我们的心灵遭受重创。很多人都曾有着美好的梦想，而灾难让很多人的梦想遭遇阻隔，有过眼泪，有过悲伤，也有人曾经产生过绝望情绪，但是伟大的中国人民没有被灾难吓倒，因为我们有着不屈的脊梁。当我们从悲伤、绝望中走出来的时候，我们学会了坚强。面对灾难和挑战，我们选择了坦然面对，选择了勇敢的抗争；面对灾难和挑战，一个个生动鲜活、感人至深的画面在中华大地上上演；面对灾难和挑战，我们注定要走过这不平凡的2008年，经受一次特殊的心灵洗礼。不管你是成功还是失败，只有坚强才能让我们看到下一个成功的曙光。

走过2008，我们懂得了人生无常，世事变迁。我们也看到了大自然有时也会如此的残酷无情。因此，我们学会了珍惜眼前的每一寸时光，珍惜眼前的每个人，眼前人若不珍惜，去企盼那些遥不可及的未来，那只能是痴心妄想。时光易逝，失不再来，若不珍惜，只剩懊悔。懊悔的泪水，唤不回至爱的亲人；懊悔的呐喊，唤不回曾经相伴的友人；懊悔的眼神，再也看不到已远走的青春和岁月。唯有珍惜，可以令生命闪光。只要没有倒下，我们就要珍惜现在所有的一切。

2008让我们难以忘怀，让我们永远感动。但是，我们不愿这样的大喜大悲再次出现，我们期待和平，盼望我们的祖国永远富强，祈愿我们的家园永远平安，希望我们的社会永远祥和，更祈祷天下太平，人人身心健康！

岁月不会为谁停留

人生最值得回味的，并不是功成名就的那一刻，而是这跌宕起伏的一生中所有风风雨雨的经历。

时光如白驹过隙，岁月如飞梭一掷，百年岁月，转眼即过。如果感觉自己不够快乐，也不要把眉头深锁，人生本来就很短暂，为什么还要栽培苦涩？不妨打开紧闭的门窗，让阳光和雨露洒遍每一个角落。走向生命的原野，让风儿熨平前额，让快乐代替忧愁。

岁月不会为谁而停留，它从来一视同仁。它给所有人同样的时间，如何把握只能靠自己。并非岁月无情，只是你自己没有去珍惜。岁月不会因为你的懦弱而眷顾你，不会因为你的无知而去体谅你，更不会因为你的肆意挥霍而多补贴给你。它公平、无私，对待所有人亦是如此，不会因为任何因素而改变。

无论世间发生怎样的惊天动地的大事，时光依旧波澜不惊地大踏步向前。无论是小小的挫折，还是巨大的灾难，既然已经发生，我们就要勇敢面对，坚强地走过这段人生岁月，只有用积极、乐观的心态才能迎来美好的将来。被绊倒在地并不是一种悲哀，真正的悲哀是被绊倒后拒绝再站起来，如果我们在失败中一蹶不振，那么原本是一时的失败就会变成终生的失败。我们无法逃避现实生活中那些突发事件，但是，不必为一时的挫折而丧失了对生活的信心。唤醒心灵深处的热情，把人生过得更积极、充实一些，自己的人生就少了遗憾。

岁月不会为谁而停留，浪费时间就等于是浪费生命。成功的条件不是农作物，永远不会自然成熟，条件需要我们去创造、去争取、去完善，而不是守株待兔般地一味盼望。梦想的彼岸其实离我们并没有十万八千里的距离，那是我们想象中的距离，有勇气同梦想握手，我们才能最终拥有梦想的蓝天。

在有生之年，只要我们相信会有奇迹发生，而且一直向着奇迹去努力，那么有一天奇迹很可能真的会发生在我们自己的身上。不去想是否能够成功，既然选择了远方，便只顾风雨兼程，不要去想身后会不会袭来寒风冷雨，不要去想未来是平坦还是泥泞，只要热爱生命，无论发生什么事情，都在意料之中。珍惜现在，好好努力，集中我们所有的智慧、所有的热诚，把今天的工作做得尽善尽美，把眼前的时光充分利用，生命才会充实而精彩。我们可以欺瞒别人，却无法欺瞒自己。时光一旦流逝了，就再也无法追回了。向上的路总是坎坷又崎岖，要永远保持最初的浪漫，总是不容易，有人怯懦，有人坚持，当我们跨越了一座高山，也就跨越了一个真实的自己。

岁月不停地更迭，年华不住地流逝，当我们的额头布满皱纹，青丝染成白发，曾经以为一生中刻骨铭心的事件，最后都被静静流淌的岁月一并带走。多少曾经的沉重都已经变得云淡风轻，多少曾经的欢愉都变得缥缈如梦，多少曾经的轰轰烈烈，到最后都静如止水。也许历经世间的荣辱沉浮，也许遍尝人间的酸甜苦辣，也许饱受生活的疲惫艰辛，也许受尽人生恩怨情仇的纠缠。也许在浮浮沉沉中伤痕累累，也许在成败得失中忧心忡忡。说过的话、发生的事，所有的一切都让它随风飘散吧，不必太在意，无论是喜悦的或是悲伤的，成功的或是失败的，一切都会成为过去，成为历史中的一页，成为我们生命旅途中的一隅风景。人生最值得回味的，并不是功成名就的那一刻，而是这跌宕起伏的一生中所有风风雨雨的经历。

岁月不会为谁停留，错过了的流水，不能再重复，错过了的季节，不能再捉住。我们该珍惜岁月，珍惜拥有的一切，在开心中度过每一天，让岁月在微笑中延长。

人间四月芳菲尽

生活从来都不曾放弃任何人，在生活最低迷的时候，只要坚持，再坚持，就可以迎来人生的辉煌。

经历风雨沧桑，生命中留下的是许多无法抹去的感动。花开花谢，春秋循环，走过坎坷炎凉，我们依然坚信生命的美丽，因为心灵的深处永远闪耀着希望之光。

又是一个明媚的春天，又是一年美好时光的开始，周末无事，我们不妨暂时放下生活的疲惫、工作的辛劳，邀三两知交爬山赏景。漫步山间，停停走走，轻松愉快，悠闲惬意。人们或放声高歌，相互唱和，或林下休憩，聊天娱乐，或花丛间拈香，或回廊里私语，或树荫下嬉戏……相信人们总是可以在山水之间完全地放松自己，去拥抱大自然，享受生活。

沿着蜿蜒曲折的石阶拾级而上，不断的攀登总是会让人们大汗淋漓、气喘吁吁，但是当我们到达了山顶时，视野豁然开阔，无限风光一览无遗。此时艳阳高照，晴空万里，微风轻拂。登高远眺，极目千里，顿扫一路登山的劳累。再一转下山坡，眼前一亮，映入眼帘的是一片正盛开的桃林，白的、红的、粉的，一簇簇，一树树，在枝头绽放出生命的辉煌，果然是“人间四月芳菲尽，山寺桃花始盛开”。再往里走，小桥流水，曲径通幽，古树参天，苍柏滴翠，红墙黄瓦，斗拱飞檐，恍如人间仙境。

老天爷其实一直都很厚待我们，无论是在山清水秀的江南，还是在黄沙漫天的漠北，老天爷总会在喧嚣闹市的不远处留一片青山绿水，留一方自由天地，让人们可以在紧张忙碌的生活之余还能享受一下大自然的恩赐，看碧蓝的天，观自在的云，赏娇艳的花，走进翠绿的树林，与那悠闲的小草同眠，还有那明媚的阳光，和煦的春风，清新的空气……这一切属于我们每一个人，从古到今，都是我们所有人的共有财富——但这一切美好需要我们自己去领略，去感知，去享受，那既是人们日常生活的休闲之地，也是放飞心灵的好去处。

生活中总免不了遇到些沟沟坎坎，何须气馁彷徨？一帆风顺的人生是否会让生命过于平淡而少了精彩？经受一些世间的人情冷暖、世态炎凉，何须怨天尤人？耐得住三冬的严寒，才能迎来百花齐放的春天，也就会让我们格外珍惜这来之不易的短暂人生。上天在关闭一扇门的同时也开启了另一扇窗。生活从来都不曾放弃任何人，只要我们自己内心没有遗失希望，只要我们有足够的坚强，在生活最低迷的时候，只要坚持，再坚持，就可以迎来人生的辉煌。

风雨百年付一笑，来学青天不关门。抬头仰望那宽广无际的天空，即使是在暗淡无光的黑夜，它也依旧敞着胸怀拥抱着大地，拥抱着天地间的所有，包括你我他，包括翱翔的鸟儿、游弋的鱼儿、奔跑的动物们……希望永远都存在，只要我们自己没有把希望之门关闭，当你张开双臂去拥抱这个世界时，这个世界就属于你。

人生的本来面目是美丽的，只要我们能学会站在一个更高的人生平台，用更长远的眼光、更包容的胸怀去面对生活中所有的开心或不开心的事情，我们就能从外在的一切琐事中解脱出来，我们就可以告别烦恼，尽情享受这清风明月，自在逍遥。一片云，一张琴，一炷香，就足以将生命中的美丽张扬！

二月二龙抬头，抬的是精神

艰难不是生活的失败，软弱才是生命的悲哀，而坚强，会使枯燥的生活丰富多彩，使短暂的生命流光溢彩。

二月二，龙抬头，“龙不抬头天不下雨”，淅淅沥沥的春雨，带着它独有的清凉与明丽，从容、舒缓地在无垠的天空，纷纷扬扬，飘飘洒洒。柔软的雨丝舞动着优美的身姿，在天与地之间划着道道美丽的弧线，留下如烟、如雾、如纱、如丝的倩影，溅起的雨花仿佛是琴弦上跳动的音符，奏出美妙的旋律。绵绵春雨滋润着万物，“一切都像刚睡醒的样子，欣欣然张开了眼。山朗润起来了，水涨起来了，太阳的脸红起来了”。柳芽咬碎了冬天的包裹，萌动了；麦苗仰起带泥的脑袋，拔节了；竹笋挣脱严寒的束缚，冒尖了；花瓣启开温馨的心窗，绽放了……

当万物重新焕发勃勃生机，我们也需要调整心态，因为二月二，龙抬头，抬的是精神。

二月二，龙抬头，让我们打开心胸，走出狭隘吧。不要把埋怨、不满，甚至是仇恨留在心里，那样会让我们为此付出高昂的代价，因为哪怕只是一点点对他人的伤害也是无法用橡皮擦除的错误。随着年龄的增长，时过境迁，过去无法释然的事慢慢也就释然了。想想其实也没有什么，都是些鸡毛蒜皮的小事而已，只是自己过去有些执拗，有些较真。

埋怨、不满、嫉妒、仇恨都是一种狭隘的表现，我们完全可以打开心胸，多些包容，多去尊重、理解别人，常怀宽容和感激之心，用宽容播下真诚和友善的种子，它会在岁月的流转里渐渐萌芽、长大、开花，让友爱的花香芬芳自己的心灵，也芬芳这个世界。

二月二，龙抬头，让我们告别懦弱，拥抱坚强。路没有不弯的，花没有不谢的，人生没有称心如意的。容易走的都是下坡路，人生道路上正是因为充满了崎岖坎坷，才能演绎出这么多拼搏的故事，才能丰富我们的人生，让人难以忘怀。人生不是一帆风顺的，人生道路也并不是只有下坡路，更多的是上坡路在等着我们，因此磕磕碰碰、跌跌撞撞是不可避免的。都说放弃只需一瞬间，但努力却需要一辈子。因此在困难面前我们需要的是坚持，这是一种积极的心态，当我们将困难与挫折踩在脚底下，走向胜利的时候，迎接我们的将是灿烂无比的阳光。

没有坚强，大地就没有了辽阔；没有坚强，软弱的生命没有继续下去的理由。今天的斜阳落照，也许就孕育了明天的旭日喷薄；今天的暗淡星光，也许正在为明天的绚烂夺目积蓄力量！艰难不是生活的失败，软弱才是生命的悲哀，而坚强，会使枯燥的生活丰富多彩，使短暂的生命流光溢彩。

二月二，龙抬头，让我们收集快乐，过滤忧烦；让我们学会宽容，传递善良；让我们目光坚定，步伐从容。生命因为唯一而珍贵，生命因为顽强而精彩，生命因为快乐而美丽，生命因为善良而宽广。幸福是不停的企盼和向往，也是不断的触动和感怀。自己内心丰富后，才能感知世界的丰富，自己善良才能感知世界的美好，自己坦荡才能逍遥地生活于天地之间。

“雄关漫道真如铁，而今迈步从头越。”当我们在人生的道路上跋涉时，应该让自己的双肩扛得起生活的灿烂阳光，也扛得起生活的风风雨雨。即使遭受再大的艰险，经受再大的苦难，对生命都要永不言弃。不管未来的日子是风和日丽还是雨雪交加，只要拥有希望，生命的奇迹就会出现。只要生命存在，人生就有无限的可能！珍爱自己，学会珍惜每一个晴朗的日子，梳理释放那些积压的抑郁，在龙抬头的时节，抬起我们健康积极的精神，重新释放好心情，把一场春雨的浪漫与清爽拾掇，铺开掌心，画出一张笑脸。抬起我们的头迎向明媚的春光，向着暖阳，许下一个心愿，许自己一个美好的未来吧！

回首一年年

我们不能回到过去，无法预知明天，唯有把握住今天，珍惜现在，让明天不再有遗憾。

岁月轮回，百代沧桑。一日一日悄悄溜走的光阴，把白雪飘在我们的发梢，把沟壑嵌在我们的眼角，把所有的欢乐和痛苦打成一个个包裹，留给我们的记忆，然后，在古老的月色中翻捡浮尘，让蹉跎的年轮把我们的足迹雕刻成后人不屑的流年。

流水卷走了时光，岁月苍老了容颜。在迷离的烟雨红尘中，人生无非起起落落，生命难免沉沉浮浮，上苍的公与不公，只体现在每个个体生命对生活的理解上。人生多曲折，生活中的艰辛、事业上的挫折、情感上的困惑常常会围绕在我们的身边，并不断打击我们疲惫的心灵。如果痛到无法哭泣，我们可以试着用微笑面对，在挫折与困顿中挺起胸膛，在无奈和隐忍中学会坚强，抛开忧愁和烦恼，让心情停靠在春天的肩上。

其实无论是怎样的结局——喜剧或悲剧，无论是怎样的感受——苦涩或甜蜜，人生的许多经历都值得珍藏。放大温暖过自己的点滴感动，遗忘所有伤害的疼痛，我们就可以让那些尘封的纠结，在时间和距离的打磨中变得淡然。

过去的早已成为过去，人生开弓没有回头箭，谁也不可能再回到从前。沉湎于往昔，执着于旧梦，只能给自己增添无谓的烦恼与痛苦。何不学会放弃，让昨天留在心底，留下美好的回忆。学会放弃，会让明天有个轻松的开始，学会放弃，生活就会更轻松。

梦在远方寻找栖息的驿站，路在脚下绵延伸展。如果一直迷茫徘徊，就会错过花香满径，错过明月如霜，错过一路良辰美景。那么，就活在当下吧。不能回到过去，无法预知明天，唯有把握住今天，珍惜现在，让明天不再有遗憾。

人生的一切都会有尽头，珍惜你的拥有，就是不要错过；珍惜你的拥有，就是减少失去；珍惜你的拥有，就是不要懊悔；珍惜你的拥有，就是最大的拥有。珍惜你的拥有，一旦失去，你的痛苦会降到最低，多年以后，当回首往事时，我们也就不会因为不懂得珍惜人生的拥有而伤感，不会因为自己的放弃而心痛，当再次面对曾经的人和事的时候，不会因为自己的漠视和忽略而追悔、遗憾。因为我们曾经努力付出过，也曾用心珍惜过，所以无愧于心，无愧自己的人生。

我们敬畏生命，不管光阴散去了多少芬芳，不管岁月留下多少浩叹，我们都会用清丽的笑容漂洗疲惫，挺直坚强的脊梁；不管流年怎样辗转，不管四季怎样变幻，我们都会用华美的转身舞尽沧桑，无愧于眼前美好的时光。

品味生命，可悲的是它不能够重来，可喜的是，它也不需要重来。蓦然回首，一个灿烂的笑脸，一个温婉的背影，一个温暖的相拥都会落在时光的角落里，成为一道抹不去的风景。浮华已去，足音已渺，风中的往事都会一一飘散，成为过眼云烟，而飞扬的，是那一份澄然的心情，云淡风轻。还有那些感人的记忆岁久弥香，浸润着悠悠的岁月。

梅开花似雪，岁月在树梢上轻轻溜走，季节在春意的枝头低低吟唱。在花开月圆的日子里，春的韵味徐徐盛放。当时钟的钟摆一次次匆匆行走，当繁华走至尽头，所有关于这一生的故事，交叠复交叠。走过千山万水，回首如水岁月，收获了满月一轮，收获了晴空万里，收获了繁花点点，收获了春光灿烂，光阴逝去，生命里已写满爱的诗篇，生命已绽放了如花的绚烂。

新桃换旧符

消逝不是湮灭，它是另一种存在；消逝不是中断，它是另一种传承。

今年的冬天比往年格外“大方”，寒冷还未到来，就先送来一场漫天大雪，飘飘洒洒的雪花把这个世界装点得银装素裹，分外妖娆。凛冽的北风刮起时，新年的脚步就已紧随其后，新年向我们走来了。

光阴荏苒，稍纵即逝，逝水有声，岁月无痕。一个个长长的冬日，一朵朵飘零的雪花，一个个新年轮的到来，才把岁末送走，又迎来了新的开始。生命是一个渐行渐远的过程，朝霞与落日，只是一转身，然而，它却留下了满城的余晖和人们心中荡漾的暖意。正如枯树代表的不是死亡，而是生命的延续，因为有一种精神的萌芽叫作希望。蓓蕾消逝了，鲜花却争奇斗艳；种子消逝了，大树却果实累累；积雪消逝了，江河却奔腾不息。消逝不是结束，它是另一种新生；消逝不是湮灭，它是另一种存在；消逝不是中断，它是另一种传承。

岁月静好，生活依旧，许多故事都在沉积，这样的生活虽然是平淡的，但也是充实的。我们每一个人的生活、工作，并不一定非得五彩斑斓才觉得真实，从平淡的生活中同样可以嚼出充实与劲道，从繁忙的工作中同样可以寻到快乐与精彩。为此，在新的一年里，我们可以让自己的人生迎接新一缕曙光的普泽、新一缕春风的沐浴、新一滴甘露的滋润，使自己的生命绽放得更加美丽！在匆匆的岁月里，我们可以把握生命的节奏，做一个平凡而充实、简单而快乐的人。

寒暑春秋，杯中季节易碎，掌上岁月可伤，没有谁能拥有不老的容颜，但我们应该庆幸走过岁月，我们总算收获了经历，那些沧桑悄悄沉淀下一份云淡风轻的从容，所有的过往，所有的故事，最后不过凝结成记忆里那精美的琥珀。既然注定无处可逃，那么我们就尽量留给世界一个美丽的微笑，以及优雅的身姿。

流逝的岁月逐渐沧桑着我们的容颜，人生路上也许布满坎坷和荆棘，但我们仍应感谢失败，因为没有失败和挫折的磨砺，就不会有我们坚强的意志，没有困难和失败的历练，就不会让我们的生命迸发出如此灿烂的华彩。人生在困难中磨砺，生命在历练中成熟。人生的旅途中，不管你摔得有多疼，记得把你的失败化为一次考验，化为一种动力，化为一种智慧。只有经过辛勤努力和顽强拼搏，才能证明自己的生存和价值，才能让自己的生命绽放出最美丽的鲜花。

时光流逝，岁月无情，不要去想生命有多少沉重，尘世有太多羁绊与牵累，别把宝贵的生命消耗在无休止的烦恼的纠缠中，我们可以用心去感受世界的美好，去享受世界的美丽，去体会自己拥有的幸福。盘点自己的人生，让自己的人生在有限的生命长度里，最大限度地拓展宽度。在拓展生命的宽度中调整自己，完善自己，做生活的编导，活在自己的设计里。

岁月如歌，时光流远，岁月给我们以生命、时间和物质，我们报答岁月以勤奋努力、感激和创造。学会去珍惜每一寸光阴，这是岁月赋予我们最美好的景致。岁月如诗，流年如水，枝头颤动的花，是年华中温馨的回忆；绿意如梦，红霞似火，幻与醒之间我们策马奔腾。行旅匆匆，回首千山已过，蜿蜒的山峰挡不住我们前进的步伐，新的开始昭示着新的希望，在人生最美丽的季节中，让我们一起努力，只为了能够让梦想在平凡的日子中开花！

新的一年，是一个全新的开始，也是下一站幸福的起点。好好把握今天，让生命中的美好，从此别再错过！让我们删除昨日的烦恼，确定今天的快乐，设置明天的幸福，取消世间的仇恨，粘贴晴朗的心情，复制醉人的风景，打印美丽的笑容吧！

叶落花飞

人生总不能因为害怕汹涌的浪头而停止前行，总不能因为害怕风雨而自甘沉沦，要相信光明终会燃尽黑暗，温暖总能驱逐严寒。

走过岁月，那些纷杂的心情洒落一地，不管你怎样千方百计地躲避，我们总会和烦恼不期而遇。也许是昨日的痛苦，也许是今日的烦忧，但一切的一切总有叶落花飞的一天，过去的就让它过去吧，我们错过了日出，再也不能错过欣赏日落了。

有时，我们的人生就像一叶轻舟，出发时都满载着收获的期望。然而航行的路途总不能一帆风顺，艰难险阻就像一阵阵海风和黑浪，意欲颠覆我们努力航行的船只。但是人生总不能因为害怕汹涌的浪头而停止前行，总不能因为害怕风雨而自甘沉沦，要相信光明终会燃尽黑暗，温暖总能驱逐严寒，不屈的斗志就是我们心中那盏永远不灭的灯。

人生又像一场旅行，路在脚下，心却在远方。有时不知道艰难跋涉后朦胧的远方，究竟是幸福还是忧伤，犹豫着是否该继续前行。其实，只要我们有一双善于发现的眼睛和一颗感恩的心，幸福就在身边，无论是过去、现在或是未来，又何必去怀疑、彷徨呢？

人生的路曲折而漫长，既然做出选择，就不要后悔，我们浏览过生命的脆弱、人生的短暂，也欣赏过人生的轰轰烈烈、跌宕起伏，也曾经有过无奈和叹息，但只要命运的背后是那份执着不变的情怀，是那份淡泊而坚强的守望，即使会彷徨迷茫，相信风吹过后，留下的仍然是一缕幽香。

往事越千年，人生弹指间。有的人也许辛勤奋斗一生，也没能达到想象中的完美，但他已成功，因为人生的意义并不在于得到多少。如果有一天，我们像流星一样坠落，不必抱怨生活，因为我们活过。纵然人生叶落花飞，曾经经历过的人生就是我们无价的财富。人生的精彩之处不在于结果，而在于经历的过程。

春深去何处

无须拒绝平淡，无须恐惧风雨，人生正是因为在酸甜苦辣咸的浸泡中走向了深刻，从而更加富有内涵。

“梅子留酸软齿牙，芭蕉分绿上窗纱。”梅子酸了，芭蕉绿了，春天随着落花走了，夏天披着一身的绿叶，在暖风里迈着轻盈的步伐悄无声息地来到了我们的身旁。望着远去的春的背影，没有了如锦的春深似海，没有了满目的万紫千红，没有了花香馥郁。春天去哪里了？它从繁华走向了平淡，夏天延续了春天，春天去了夏天的背后，隐没在了繁华里。

人生就像四季，繁华过后终归平淡，不可能一直繁花似锦，不可能一路花香四溢。人生也充满起伏、悲悲喜喜。我们无须拒绝平淡，无须恐惧风雨，正是在平淡中，我们感悟了人生的真谛，在风雨中锻炼出了一份坚强，人生正是因为在酸甜苦辣咸的浸泡中走向了深刻，从而更加富有内涵。在人生道路上，坚强是一种独特的生存方式和法则，我们要体会到落尽繁华后的平淡，更要保持一种阅尽沧桑后的单纯，得失都无所谓，进退又如何，人世间不乏急流勇退的洒脱。

芳菲歇去何须恨，夏木阴阴正可人。人生无常，炎凉相替，悲喜交织，月有阴晴圆缺，人有悲欢离合。很多事、很多人，无论他们有多么地美好，无论我们有多么地留恋，该远去时就远去了，无论自己有多么不舍，一定要学会放手，就算再美好，既然已经离我们远去了，何必苦苦执着？与其望着远去的背影流泪伤心，不如转过头来，你会发现阳光正拥抱着我们。生活就是这样，虽然貌似无情，但给你更多的是快乐。其实，生活的美好从未远离，幸福一直在我们自己的手中。

又是青杏满枝头

不要畏惧结束，所有的结局都是一个新的开端。到头来我们会发现，人生如圆，终点亦是起点。

“花褪残红青杏小，燕子飞时，绿水人家绕。”落英缤纷，繁华落尽，但是残红褪尽，青杏初生。满树杏花飘散在春天里，经历了风风雨雨的洗礼，留下了一树的果实，不是每朵花都能结果，不是每个果实都能留到最后，长到成熟，只有那些挺过风风雨雨的才能圆满完成这一次轮回。

满树青杏在明亮的阳光下闪烁，南风带来青杏枝头上的鸟语蝉鸣，枝头的青杏孕育着一个个即将成熟的希望。生命里有无数纠结的线，伤痛与幸福、失望与希望彼此交接，这些纠结的线宛如生命的五线谱，把苦乐悲喜交织的人生谱成了一曲高贵的乐章，眼泪和欢笑是跳跃的奇妙的音符。

我们每走一步，都是一个新的起点，这一个个起点连接成我们一生的轨迹。不要害怕开始，经历了起步时的艰难，方能产生飞跃的嬗变；不要畏惧结束，所有的结局都是一个新的开端。到头来我们会发现，人生如圆，终点亦是起点。不要敬畏太甚，能够主宰命运的，永远是我们自己。

“枝上柳绵吹又少，天涯何处无芳草。”匆匆花谢无处觅，又是青杏满枝头。既然春天已经远去，我们就不要再用惆怅的目光留恋着春天的背影，独自哀伤了。转过身来，我们会发现夏日的阳光是如此的灿烂。春花凋零了，夏花却在枝头绚烂绽放，绿草更是蔓延到世界的每一个角落。我们不能因为一时的失败、一时的挫折就对生活丧失了信心。世间没有绝境，只有绝望的心境，对于坚强的心灵而言，没有绝境，更没有绝望。即使遇到无法躲避的死亡，也依然可以坦然从容，笑着面对。失败也罢，成功也罢，要相信生命的希望永远是生生不息的，就像那绵延到天际的芳草。

分享春天的故事

人生中的许多困难和失败，只能算是岁月之歌中跌宕起伏的旋律，但通过勤奋和拼搏，它会成为生命乐章中最动听的音符，也会赢得最热烈的喝彩。

落英在晚春凋零，来年又灿烂一片；黄叶在秋风中飘落，春天又会焕发勃勃生机。当我们掀开人生的第一页日历，就如同打开一张崭新的图画，岁月的年轮就已然在春天的脚步中不停增长。

人生在世的意义，不在于我们走了多少崎岖的路，遭遇了多少坎坷，而在于我们从中感悟到了多少哲理。外面的世界光怪陆离，喧嚣的市声吞噬的不仅是我们的感官，还有我们的本心。但我们可以让心像莲花一样出淤泥而不染，从烦恼与灰暗中觉悟，从而香远益清、从容淡定。

生命是一段漫长的旅程，它不会因一个不值得的人而黯淡。生命所赐予的恩怨情仇、苦乐烦忧，就让我们一一珍藏吧。因为生命需要的只是一丝清风、一缕朝阳。如果生命可以如叶沉静，如花灿烂，那就让生命像花一样素雅清芬、坚毅自强、尽情怒放。

抬头望星空，低头思际遇。人生，应该是朴实而深刻的，我们追求的不该是在夹缝中的人生，应该是一个为自己而创造的人生，应该是一个让自己发光发热的瞬间。仔细想想，人生中的许多困难和失败，只能算是岁月之歌中的跌宕起伏的旋律，但通过勤奋和拼搏，它会成为生命乐章中最动听的音符，也会赢得最热烈的喝彩。人生因梦想而美丽，因体验而精彩。

花开无言，花落无声，一袭春风，遍地落英。生命总是那么朴实而深刻，虽然曾在困难的时候，遭受打击与嘲讽，但在生命的春天，还是应该努力地奏响生命的乐章，唱出自己最美妙的歌，不必惧怕生命的晦暗，因为阴霾过后就是彩虹。

生活的快乐来自内心

无论多忙，都给自己一个舒缓的时间，去伸展，去放松。生活的节奏可以紧张，但生活的情调一样可以轻松而浪漫。

尘世匆匆，转眼白了头。百年岁月，在人世间很快过去。既然如此，我们为什么还要去怀疑生活蹂躏生命？生命是有限的，用宝贵的时间去烦恼，真是金丸打雀——得不偿失。

在当今的时代，我们拥有更高的建筑，但视野却更狭窄；拥有更宽广的道路，观点却更狭隘；花费得更多，得到的却更少；买得更多，享受的却更少。我们拥有更多快捷的交通工具，时间却更少；我们拥有更多的医药，健康却更少；我们享受更好的物质生活，却更爱生气，笑容变得更少了。

为了生活，我们总是忙碌不停，为工作，为家庭，为人际交往，时光在忙碌中如流水般悄悄逝去。只是无论多么地忙碌，无论有多少忙碌的理由，都不要忘记，忙碌是为了更好地生活，不要因为忙碌而让身心疲惫不堪，不要因为忙碌而把生活当成一种煎熬，一种无奈，要学会寻找生活的乐趣，学会享受生活。听听音乐，哼哼小曲，散散步，谈谈心，无论多忙，都给自己一个舒缓的时间，去伸展，去放松，生活的节奏可以紧张，但生活的情调一样可以轻松而浪漫。

找点空闲，在百忙之中我们仍可以静静地品一杯香茗，在四溢的茶香里让浮躁的心绪像杯中碧绿的茶叶，在翻滚中渐渐沉淀，在纷繁的世事中静寂下来。在阳光明媚的三月，把自己放飞于田野，让心灵与天地相融。只要我们懂得去欣赏，百花是为我们而溢香，溪水是为我们而欢唱，泥土是为我们而芬芳，清风明月、细雨飞雪、蜂飞蝶舞、狮吼虎跃都是大自然给予我们最美丽的馈赠。

生活的快乐来自内心，生活的感动来自身边。摘掉所谓的自尊，摘掉惯用的面具，摘掉自以为是的虚荣，你会发现：生活其实很简单，没有想象的那么艰难；周围的人其实很可爱，没有想象中的那么复杂；幸福其实就在身边，只是我们常常盲目追寻，对它却视而不见。

给自己一点勇气，给自己一点坚强，战胜心魔，回归生活中的自我；给自己一点时间，给自己一个机会，战胜盲目中的自我，回归生活中的自我。积极地进取，理智地放弃，学会快乐健康地生活，我们就会度过平凡而不平庸的人生。

人生如一本书，应该多一些精彩的细节，少一些乏味的字眼；人生如一支歌，应该多一些昂扬的旋律，少一些忧伤的音符；人生如一幅画，应该多一些亮丽的风景，少一些灰暗的色调。每一天都是匆匆而过的命运的一个脚印，生命和时光的宝贵，愈发显得伟大。既然拥有了生命，那么就活出最美的光辉，拥抱善良、乐观、奋进、美好，远离怀疑、伤害、痴迷、懒惰、痛苦。

朝云漠漠，细雨丝丝，春花烂漫，暗香浮动。远处的风景，由浅而深，嫣红青翠，旖旎若梦，一场又一场的明媚花事，在眼底悠然盛放。重复了那么多的岁月，又是一个春深的人间。又是一年三月，又是一季花香，又是一个春深似海，花开灿烂的日子，温暖的阳光在指尖萦绕。醉人的春花，婉约的春色，尽收眼底的是一望无际的希望的绿色。在这个烂漫的季节，我们可以坚守着善良，怀揣梦想，默默许愿，许一世安然，让生命如花绽放在暗香浮动的似水流年。

莫忘自己曾少年

面对挫折、苦难，要保持一份豁达的情怀，一份积极向上的人生态度，这就需要有博大的胸襟和非凡的气度。

光阴如梭，时光飞逝，在我们哀叹生命的不幸，等待希望的瞬间，时间就像一只顽皮的小精灵，窃笑着与我们擦肩而去。那少年时的无忧无虑已如梦般散去，少年的烂漫、天真、纯洁和热情也逐渐飘散在岁月的风中。

随着年龄的增长和阅历的增加，人们开始变得越来越有城府，越来越世俗。当我们的面容越来越成熟时，我们心里的纯真已越来越少；当我们的笑容掺杂着越来越多的虚伪，我们的言语越来越圆滑时，我们的心灵就变得越来越复杂。在人生的旅途中，我们边走边丢，丢掉了少年时的天真、纯洁、真诚、善良，我们步入的成人世界开始变得无聊、世故，没有了梦想，多的却是奢望，内心里飘不进花香，多的却是灰暗，看不到头顶天空的奇妙，看不见星星的笑靥，也听不见夜空中无数小铃铛摇响的暖暖祝福。

我们每天在熙熙攘攘的人流车海中忙忙碌碌、匆忙奔走，我们理直气壮地为所谓的生活、生计奔波辛苦，为欺骗、伤害、势利找种种理由。当我们把全部的目光放在分别外在世界的好坏、他人的对错、利益的得失上时，我们就完全遗忘了自己。如果我们不能够从内心去省察自己，那我们这一生只是做了三件事：自欺、欺人、被人欺。

如果你珍爱生命，请修养自己的心灵，人总有一天会走到生命的终点，金钱散尽，一切都如过眼云烟，只有精神长存世间，所以人生追求的应该是一种境界。

在纷纷扰扰的世界上，心灵应当似高山不动，如流水般随缘，居住在闹市，在嘈杂的环境中，不必关闭门窗，任它潮起潮落，风来浪涌，我自悠然如局外之人，没有什么能侵扰心中的凝重。身在红尘中，心在白云上，又何必“入山唯恐不深”？关键是自己的心。

人生不如意事十之八九，面对挫折、苦难，要保持一份豁达的情怀，一份积极向上的人生态度，这就需要有博大的胸襟和非凡的气度。其实，生命的本身就是历练心境的过程，逆境会磨炼出你的意志，所以不必计较一时的成败得失。“风物长宜放眼量”，要去追寻长久的精神底蕴。忍受孤独，在彷徨失意中修养自己的心性，这就是最大的收获。如蚌之含沙，在痛苦中孕育着璀璨的明珠。细细品味，苦难一旦过去，生活就变得甘美。当然，如果没有足够的坚强战胜苦难，那么苦难永远是一道难以愈合的伤痕。

无论如何，莫忘自己曾少年，少年的心能让山更青，水更绿，在荣辱成败的人生历程中，少年时光是一道永驻心田的绚丽风景，少年的记忆就像一个个在阳光下绽放异彩的肥皂泡，那瞬间的美丽就足以让人惊羡，就足以让我们毕生怀念。虽然美好的少年时光、少年故事终会悄无声息地远去、破碎、消失，但我们仍然可以让那份美好的回忆伴随我们一生。

岁月会流逝，故事成过往。但是，曾经的天真、纯洁，对生活的热情，对生命的希望不能成为过去。少年因欢笑而快乐，因兴奋而奔跑。我们曾经那样简单，那样直接，无须任何遮掩地活着。而现在的我们弄丢了真实的自我，弄丢了那份人生中最宝贵的财富。我们能做的只有弥补，让那份逝去的少年时光延续下去，哪怕往事已如烟飘散，也要保持一颗永远年轻、热情、纯洁的心。

去年人在江湖中

一年又一年，匆匆而过的是日子，但是心情不能改变，对人世间的祝福、关爱、呵护不能改变。

春有百花秋有月，夏有凉风冬有雪。人世间有它的本来面目，人世间不是没有美好的东西，有爱心，有热情，有关注，有善良，还有青山，有绿水，有晨雾，有晚霞，有阳光，有雨露，有人世间的万千风光，有它原本的景色。

但是，人类总是过于自信，总是认为自己可以战胜自然，可以改变世界。于是试图改变世界的我们最后总是被世界所改变，被改变得面目全非，甚至渐渐远离了原本善良美丽的人间。我们不知不觉中地迷失在大浪千丈的重重江湖中。江湖，在人们的眼里就是互相利用，你争我夺，黑暗、欺骗、愚昧。一旦陷入江湖中，我们无非就是被人伤害，再伤害他人，彼此欺骗，彼此伤害。

佛法讲一切可以改变，不是指把手里的苹果变成梨子，毕竟佛法不是魔术。不要奢望我们能改变世界或是改变他人，我们唯一能改变的是我们自己的心态。给予我们痛苦的一定不是他人，是我们自己那些狭隘的、不健康的思想和自以为是的见识给自己的生活带来种种烦恼。因此，我们可以努力去做一名真正的勇士，一个挑战我们自己那些烦恼的勇士，做一名真正的胜利者——战胜自我的胜利者。

做一名真正的勇士不那么容易，它需要我们敢于战胜心中那些嫉妒、无知、愚昧、狭隘，但它能让我们重新回到美丽又美好的人世间。去年人在江湖中，今年怎么样？即使我们曾经也在江湖中沉浮过、迷茫过，让一切成为过去吧，把曾经不光明的心态、不健康的思想、不正确的认识，把那些是非恩怨的纠结留在永远的过去。让过去永远成为过去，去年人在江湖中，今年重回人世间。

世界依然是世界，生活依然是生活，一年又一年，匆匆而过的是日子，但是心情不能改变，在人生的反复中、成败中，对人世间的祝福、关爱、呵护不能改变。当内心的善良依然闪烁着迷人的光彩，脸上的笑容依然阳光般灿烂，回头再看，其实，江湖也不是江湖，人间永远还是那个人间，温暖又美丽。

忽忽春风人又老

当我们为一去不复返的青春叹息时，我们应该考虑将来的衰老，不要到那时再为没有珍惜壮年而悔恨。

青春易去，韶华易老，不经意间，一个春天，又一个春天过去了。匆匆忙忙间，岁月已把我们远远抛在了背后；不知不觉间，时间已把青春都带走，只剩岁月的沧桑留在了面庞上。百年光阴，转眼即逝，要珍惜这每一天的宝贵时光，珍惜每一次花开花谢，珍惜每一次的擦肩而过，珍惜每一次的萍水相逢。

人生有一种幸福叫作珍惜，人们往往在拥有的时候不懂得珍惜，失去之后才觉得珍贵，但为时已晚。就好像拥有权力的人渴望得到友情，身陷囹圄的人渴望得到自由，精神压抑的人渴望得到快乐，整天忙碌奔波的人渴望得到宁静……对于他们来说，那些最宝贵的东西，都是已失去或未得到的东西。

只要我们学会珍惜，就不会央求上天再给我们一次机会。

大海广阔无垠，因为它珍惜每一条小溪；树叶繁荣生长，因为它珍惜每一缕阳光；群山连绵巍峨，因为它珍惜每一块砾石。其实，当我们为一去不复返的青春叹息时，我们应该考虑将来的衰老，不要到那时再为没有珍惜壮年而悔恨。

匆匆春风人又老，我们应该学会珍惜。珍惜阳光，收获鲜花；珍惜友谊，收获真诚；珍惜磨难，收获成功。珍惜我们拥有的，我们就拥有了世间一切美好的东西。

燕子来时

燕子归来，它带来了南方的温暖和满地新绿，也带来了在绿与未绿之间，那片初春的叶子——希望。

不知何时，燕子已归来，它带来了南方的温暖和满地新绿，也带来了在绿与未绿之间，那片初春的叶子——希望。那是对生活的期望与祝福，对心灵深处回归的守候。总有希望，是留给千山万水后的平淡；总有希望，是留给历经沧桑后的幸福。

在这茫茫尘世，人们总会遭遇这样那样的挫折，心中总是蕴藏着无数问题，汇聚着快乐、幸福、喜悦、苦难等元素。因为它们的存在，所以生活总是充满精彩和鲜活；也因它们的一直存在，所以人们不断从外界看到问题，也不断遇到问题，而这些问题也是属于我们自己生命的一部分。要走出这些生命中的困惑，那就要洞察自我心灵的内在，这样才能找回生命的源头能量，这是智慧的起点，也是解脱之道。

燕子有一个习惯，年年都会不辞辛苦，飞越千山万水，回到前一年生活的地方，寻找它的旧巢，也许它们和我们一样，也是在寻找心灵的归宿吧。每个人在自己的心灵深处都有着一个界线，也许是对好与坏的分别，也许是对善与恶的判断。而在实际生活中，我们往往会被眼前的假象、自己的情感所蒙蔽，看不清事实真相，从而做出带偏见的判断。而如果我们能够做到保持内心的宁静，那么自我心灵将回归本性，用心灵的亮光破除黑暗，看清我们自己，看清事情的本质，让我们的心灵有一个最好的归宿。

岁月匆匆燕子回，是非滚滚人生老。又是燕子来时，别让生命纠缠在是非对错、成败得失之中，不妨让心灵回归一种宁静祥和，让我们的灵魂时时有浩然正气的滋养。又是一年燕子来时，花开了又岂会仅仅因为这个季节的芬芳？

第三章

擅学

态度改变，世界改变

换个方法思考，可以使问题变简单；换个立场看人，可以宽容处世；换种心态看人生，可以得到更多美好。

自古江湖，纷纷扰扰，走过不少英豪。大江东去，日月如梭，送走多少看客。花开花谢，春秋循环，消磨多少英雄。潮去潮涌，时空轮换，化解无量恩怨情仇。五千年喜怒悲欢，多少人物，或慷慨悲歌，或指点江山，或散发扁舟。生活中，有过开心，有过烦恼；有过成功，有过失败；有过快乐，有过忧愁；有过愉悦，有过伤悲。如何抛却烦恼，如何忘掉忧伤，如何享受生活，如何经历风雨，如何保持开心，是我们每个人亟待解决的课题。

一、换个思路

我们每个人的工作和生活中，要面对各种各样的事情，喜欢也好，不喜欢也罢，总会在我们眼前出现。如果是好事情，当然是求之不得，多多益善。可一些让人不怎么感兴趣的事情，甚至是坏事情，常常不请自来，躲又躲不掉，不参与又不行。如果单从消极方面去想，不请自来的烦心事会让人生气窝火，心中憋闷，抑郁寡欢。如果顺着既往的方式去思考，又会感到思绪陷入了死胡同。

但是，如果我们跳脱旧有的、无谓的传统与习惯，跳出原先思考的“框框”，换个思路来想，往往就会一扫阴霾。思路的改换会令人头脑冷静，解决方法也会因思路的改换而更得当，处理的结果也会因思路的改换而比较理想和满意。所以，遇到烦心事，换一种思考模式，别被无谓的传统、习惯所羁绊，说不定会发现崭新、简易的解决之道，也会得到出人意料的惊喜。

二、换个角度

世界是如此真实而公平地存在着，但由于看问题的视角不同，每个人眼中都会有一个与众不同的世界，不同的人在各自不同的世界观中发现不同的色彩，演绎着不同的人生。有时，遇到事情，我们总会往极端的方向去想，让躁动的心变得更加不安宁。与其这样，不如换个角度，自我调整。“横看成岭侧成峰，远近高低各不同。”同样一件事，思维角度不同，可能会有不同的结果，换个角度思考，会让坏事变好事，换个角度，我们就有了推翻成见的勇气和别出心裁的智慧。

任何事情都不是绝对的，都有它的两面性，换个角度看问题，会让人产生不同的心态，不同的心态又会决定不同的人生观、世界观。换个角度看问题，我们可以学会从消极中找寻积极的一面，让自己快乐起来。与人相处，学会换位思考，会发现别人更多的优点，会包容别人更多的缺点，同样会拥有一片更广阔的天空。

三、换个态度

在我们一生中肯定会遇到无数坎坷，也会遭遇许多流言蜚语。但是，我们不要因为自己的不幸而灰心丧气，更不要一蹶不振。爱需要勇气，生活更需要勇气，学会换个态度看人生，人生永远美丽。

生活，过得匆忙疲累是一辈子，悠闲惬意也是一辈子，为什么要对自己步步紧逼呢？换一种态度，也许生活的面目没那么狰狞可怖。人们都知道快乐好，却时常找不到快乐，固步自封地认为快乐离自己很远，愤世嫉俗地责怪周围的一切，抱怨世事的不公，抱怨世间的狭隘，而转头来，却发现狭隘的不是周围的事物，而是我们的心胸。

我们不能掌握生命的长度，但可以改变生命的宽度。我们不能改变命运，但可以改变心态。换个方法思考，可以使问题变简单；换个立场看人，可以宽容处世；换种心态看人生，可以得到更多美好。那是一种火上心头就冷静的持重，是一种失败到底就崛起的坚强，是一种知难而进的圆熟。

四、换个心情

当我们遭遇不公，为某些事抱怨时，也不妨为自己换个心情，用另一个角度思考问题，主动改变自己，让伤心远离自己，用微笑和快乐去面对生活，那样一来，我们的人生之路，或许将会变得出奇地好。也许一点点快乐的感觉，就带我们走出了忧伤，走出了困惑。

心病还需心药医。自己的心情还要自己去调理，不要把某件事情看得太过于极端，凡事乐观看待，勇敢面对，天塌下来有地接着，事情总会过去，好景就在前头。

有时我们总觉得自己运气不好，喜欢的东西得不到，以为可以拥有了，最后往往失之交臂，而不喜欢的东西却总是遇见，惧怕的事情经常是躲也躲不掉。既然注定了会这样，还不如欣然接受，快不快乐总要面对现实。一切都会过去，一切都是过程，坦然一些，从容一些，生活是如此的美好。

五、换个时空

所谓烦恼并非烦恼，当时空发生变化时，所有的一切都会改变的。看别人不顺眼，发现他人的短处和不足时，不一定是别人真的存在什么短处，可能是自己见识少，内心存在障碍，在认知上出现了偏差，在判断上出现了过失，或者是对他人产生了误会，抑或有什么恩怨。把那些小的误会、恩怨挪到十年后，用十年的时间来化解，时间会是最好的疗伤药。把那些大的误会、恩怨挪到百年、千年后，哪里还有解不开的爱恨情仇、是非恩怨？

人生在世，开心第一。千年故事，一笑了之。梦里落花乾坤事，沉浮得失皆自许。琴萧一曲伴明月，人间从此无江湖。

学会坚强

人生需要奋斗的情怀，而生活也需要我们用一颗坚强的心来对待。

人有悲欢离合，月有阴晴圆缺。经历四季的更替，感受人间的冷暖，体味人生的苦辣酸甜。我们渐渐会发现，人生无常，没有永远的一帆风顺，人生不如意事十之八九，遇到些挫折和磨难在所难免。学会坚强才能更好地生活。

我们在面对挫折和磨难时，应该微笑着迎接它。如果你鼓起勇气，尽自己最大的努力去战胜它，那么你就会发现，挫折和磨难的阴云被驱散后，头顶上便是一片蔚蓝的天空。

挫折和磨难，是上天给予的奖励，我们如果可以从挫折和磨难中吸取教训，进行思考和总结，那么挫折就是一份财富，经历就是一份拥有。对强者来说，挫折和磨难使他们得到锻炼，得到成长，可以使他们更加坚强，获得更大的成功，此时，挫折和磨难只不过是强者成功路上的一块垫脚石。

而挫折和磨难对弱者来说，是一道不可逾越的鸿沟，甚至是他们的坟墓。他们在这条沟旁边徘徊，唉声叹气。却没有想到这条沟正是自己给自己挖的，他们失去了战胜挫折和磨难的信心和勇气，自己放弃了很多本该得到的东西。

坚强是一种智慧，它告诉我们怎样去生活，怎样去调节自己的心情，找到让自己更快乐一些的方法。没有人愿意痛苦地度过每一天，如果想使自己快乐，何不坚强一些呢？

现实生活当中，经历些风雨，遇到些磨难，遭遇些挫折是很平常的事。若因一时受挫而放大痛苦，将会终身遗憾。面对挫折、失败和磨难，你不必扼腕叹息，怨天尤人，更不能灰心丧气，甚至消沉堕落。不妨以坚强的心态去面对，在坚强中锤炼自己的心灵，锻炼承受挫折和磨难的毅力和品质。遭遇挫折，就当它是一阵清风，让它从你耳边轻轻吹过；感到痛苦，就当它是你眼中的一粒尘土，眨一眨眼，流一滴泪，就足以将它淹没。失败只是人生路上的一个小插曲，而成功与辉煌永远属于在坚强中奋进、在逆境中拼搏的勇士。

人生需要奋斗的情怀，而生活也需要我们用一颗坚强的心来对待，但是，我们要量力而行，做不到的不苛求自己，能做到的一定要竭尽全力，不管怎样，我们都要做出最好的自己，用那颗坚强的心去面对一切、战胜一切，相信生活馈赠我们的永远都是微笑。坚强些吧，风雨中需要坚强的意志，挫败中需要坚强的勇气，萎靡时需要坚强的动力。

举步三尺远，就是无限天

只要把心境稍做调整，一切都会看起来很美好。当我们宽容别人时，真正原谅的却是我们自己。

人世沉浮，如电光石火，盛衰起伏，变幻难测，有谁不是艰辛地跋涉在漫漫的人生旅途中？无论喜不喜欢，人生的滋味都要一一尝遍。无论是努力还是放弃，无论是愿意还是排斥，人生总有许多的不尽如人意，或多或少的遗憾点缀了生命旅途的风景。但是，别把人生的纷纷扰扰当成自己的枷锁，很多事情不能太过在意，很多东西我们需要学会忘记，学会放弃，每天的烦恼需要清空，每天的心情需要刷新。

在生活中，我们的内心有多少执着，就会有多少痛苦；要摆脱痛苦，就必须从所有的执着里出离。如果试图以改变外在的世界来追求完美，永远是徒劳无功的，永远会有意想不到的事情出现，会来烦扰焦躁的心。一切痛苦和烦恼，不过是因为过于执着。这个世界上许多事情都不会轻易顺着我们，要让生活达到希望中的样子，往往我们花上一辈子的时间，也不一定能实现，因为很多人的欲望天平总是倾斜的，很难满足，也无法达到。很多人试图创造完美的世界，不过他们最终只是收获了更多的烦恼，事实上，只要把心境稍作调整，一切都会看起来很美好。

从前有位女士养了只鹦鹉，但它总是咳嗽，最后到医院检查发现，鹦鹉很健康，它只是在惟妙惟肖地模仿这位女士抽烟后的咳嗽，于是她把烟戒掉了。我们有一个通病——总觉得别人是错的，自己是对的，所以常有不愉快、不和谐的事发生。其实，当我们宽容别人时，真正原谅的却是我们自己。

人世间很多的事都是后来才看得清楚，许多的事情总是过后才想明白，然而我们已经找不到来时的路，因为，太多的事情由不得我们去选择，在若得若失、若即若离的相似岁月里，不经意间，年轮早已悄悄地在脸上刻上了或浅或深的岁月印迹，增添了岁月的风霜，在蓦然回首的瞬间，我们多想轻轻问一声那时光岁月，生活可否重来。

别让生活在光阴的蹉跎中留下无尽的遗憾。你笑，全世界都跟着你笑，你若哭，全世界只有你一个人在哭。生活中有太多无可奈何的选择，社会就像江湖，总是让人身不由己，言不由衷，可我们却不能随波逐流。忧伤关上了门，喜悦就撑开了一把伞，风风雨雨都要昂首挺过。

月有阴晴圆缺，天有风云雷电，花无百日好，人无一世平。人生在世，幸与不幸、祸与福总是结伴而来，我们必须直面和正视生命中突如其来的荣辱与苦痛。我们好似一枚小小的石头，在生命长河里浮浮沉沉。岁月纵是无情，我们也要坚强面对，勇敢地接受岁月的冲刷，它磨去的是我们的狭隘、嫉妒、自私、偏执，保留不变的是我们内心的善良和对生活的热爱。经历是一笔人生的财富，曾经的迷茫带不走灵魂的纯净，在喧嚣的红尘里高歌又何妨？我们完全可以做到宠辱不惊、乐观豁达，用自己的理解、智慧和始终如一的善良，去改变生活的荒凉。

心宽路就宽。其实天空很大也很美，路很长也很宽，只是我们一定要学会抬起头颅，学会迈出双脚。三尺屋檐很窄小，但是三尺之外却是无限的天空，虽然也会偶有灰暗，但它却始终都是无限宽广的苍穹。别被眼前的烦恼纠缠不休，把心胸打开，走出屋门，看看蓝天，深信那旭日的光芒，定会穿越重重斑驳与阴霾，泻落一地碎金的流光。衔一滴雨露，为记忆洗尘；采一缕月光，为生活添一抹柔和的颜色。当所有的寒冰都消融时，你会蓦然发现，原来自己已不知不觉安坐于阳光的掌心。

生命的意义

真正的勇敢是用坚强的心去面对生活中所有的挑战、困难、压力，勇敢而坚强的心会为生命护航。

生命之旅是一段坎坷而曲折的历程，是一段艰辛而沉重的体验。生命是什么？是高尚，是简单，还是脆弱？生命是一条艰险的峡谷，在困境中彰显着它的崇高。一个对生命永不言弃，懂得珍惜生命、审视生命的人，一定可以参透生命的真谛。生命不能承受之重太多太多，给予我们的苦痛也太多太多，可是我们却无法逃逸和回避，既然这样，何不保持仰望和乐观的姿态来观望人生？我们一直相信，勇敢而坚强的心会为生命护航。

目前社会中存在一个对大家来说既陌生又熟悉、既遥远又真实的现象，不管在网络还是在社会中，都会引起大众普遍关注，那就是自杀现象。众所周知，这种现象从古到今，在历史的长河之中就从未断绝。社会文明高速发展，人类生活节奏加快，生活更加多元化，“自杀”这个与人类纠缠不休的幽灵又屡屡出现在当代人们的生活当中。更让人不得不反思的是，在选择自杀的人群当中，年轻人占据的比率居然一直居高不下。中国每年自杀死亡人数为28.7万人。在中国，自杀死亡人数占全部死亡人数的3.6%，占相应人群死亡总数的19%，女性自杀率比男性高25%，农村自杀率高于城市3倍，农村老年人自杀率高于城市老人5倍，大学生自杀、青少年自杀等现象屡见不鲜，这不能不引起我们的思考。这些现象的背后隐含了什么？无论是以何种方式自杀，我们都不会赞叹他的勇敢，真正的勇敢是用坚强的心去面对生活中所有的挑战、困难、压力，我们只能说自杀是一种无奈，更是一种无能的表现。

对生命的放弃是一种自私的行为，你放弃的不仅仅是自己的生命，你还放弃了自己对社会、对家庭的责任。放弃生命是一种狭隘，你个人对生活的逃避会造成亲人肝肠寸断的巨大悲痛，这是一种违反人道的懦弱行为，每一个生命都值得我们去珍爱并尊重——包括我们自己的生命。我们自己的生命也并不完全属于自己，我们的生命里有多少父母付出的悉心呵护以及朋友、师长、社会的关爱呢？这个世上没有任何我们放弃生命的理由，无论遇到多大的坎坷和伤痛，我们唯一可以做的就是坚强。

放弃生命是一种亵渎生命的愚蠢行为，有生命才有希望，世上没有吃不完的苦，只要我们自己能够在困境中坚持，就一定会迎来生命的曙光，而放弃生命就放弃了一切，这是最大的愚蠢的行为。对生命的放弃会让生命天平失衡，我们不知道你是伤心，是迷茫，是痛苦，是无奈，还是彷徨。为何你只记住了生活的打击，忘记了生活中还有许多值得留恋的地方？为何你只看到了绝望，却看不到人生还有许多希望？天无绝人之路，上天从来都不会让人无路可走——除非我们自己放弃希望。

当你“勇敢”地纵身一跃的时候，可曾想过这“壮举”却如一把尖刀，刺进了父母的胸膛？当你义无反顾地用“死”作为对生活的反抗时，扪心自问，一切责任真的都应该由社会来承当？而且你真的就“解脱”了吗？白发苍苍的双亲撕心裂肺的哭声能让你在另一个世界安心吗？他们含辛茹苦地把你养育成人，现在他们已如此年迈，正需要你的照顾，你却毅然决然地离去，你真的会安息吗？

究竟是多大的挫折让你再也不愿意迎接明天的阳光？究竟是多大的伤害让你对未来彻底失去了希望？到底受了多大的委屈让你再也不想去唤一声爹娘？到底遇到了多大的困难让你对生活举起双手投降？

生命是脆弱的，脆弱到一枚刀片、一根细绳、一汪碧水、一次摔掷就可以让生命在顷刻间消失；生命又是坚强的，坚强到自然的灾害、生活的打击、亲人的离去、事业的失败等等都不能让生命屈服。

走过漫漫人生，生命的意义在于过程，在过程中感悟生命的真谛；生命的价值在于对生命的付出，付出你的爱心，付出你的笑容，付出你的友善，付出你的真诚，付出你在追求理想时的辛勤的汗水。

生命是一种接力。从古到今，生命生生不息，人间正道是沧桑，是真善美维系了人生的长河，不息的生命里不灭的是人间的真情和善良，传承的是对生命的忠诚和热爱。

生命是一种勇敢。生活也许会给予我们许多的艰辛和坎坷，但是无论有多少辛酸和泪水，我们也要勇敢面对生命的每一次花开花谢，面对每一天的日出日落，生命需要勇敢地担当人生中所有的风风雨雨。

生命是一种幸福。只要来到了这个世界，只要拥有了生命就是幸福。虽然生命里会有许多无奈，虽然生命总是会经历一些彷徨，但是生命里更多的是美好和精彩。我们曾经在父母的怀抱里撒娇，在师长的关怀下成长；我们曾经在春风荡漾的田野里尽情奔跑，在花深似海的桃林中放声歌唱；我们曾经年少轻狂，面对大海大声宣读自己的梦想；我们曾经风华正茂，壮志激昂地大踏步走向未知的前方……岁月的流转带不走生命的芬芳，多少快乐的时光还在记忆的深处闪闪发光，多少梦想还在努力飞向蓝天期待自由翱翔，生命里拥有那么多的美好，生活是多么幸福呀！

生命是一种祝福。无论经过多少苦难，我们都应该始终以一颗感恩的心对世界抱有最美的祝福，“但愿人长久，千里共婵娟”。把最美的祝福送给亲人，送给朋友，送给家园，送给社会；把最美的祝福送给昨天，送给今天，送给明天；把最美的祝福送给每一个春天，送给每一次花开，送给每一个日出。

亲爱的孩子们，我诚挚祝福你们的明天会更好，只是，你们一定要学会坚强，学不会坚强就注定生命里要与泪水相伴，不要让自己只做一朵温室里的花儿，要学会用坚强去经受人生的风雨迷茫。我默默祈祷你们生活得幸福快乐，只是你们一定要学会乐观、积极地看待问题，消极是一个死胡同，最多可以在胡同口稍作徘徊，但千万不要在这样的胡同里流连不归，那里永远没有你们的幸福。我衷心盼望你们可以收获一个最美的人生，只是你们一定要学会承当，承当家庭的责任，承当社会的义务，更要承当生命的责任，一定要多为自己的父母亲人考虑，千万不要把一切责任推给社会，更要明白：生命是高贵的，是不可以轻易亵渎的；生命是宝贵的，是不可以轻言放弃的；生命是勇敢的，而不是懦弱的；生命是阳光的，而不是灰暗的。一个无畏的生命是精彩纷呈的，一个善良的生命是美丽动人的；一个快乐的生命是鲜花般光彩夺目的，一个坚强的生命是青松般坚韧挺拔的。

当朝阳升起时，请和我一起双手合十，面对朝霞许个美好的愿望：在未来的日子里用坚毅去展示生命的壮美，用笑容去点缀生命的高贵，尊重生命，敬畏生命，感恩生命，珍爱生命。用豁达去诠释牛命的宽广，我们祝福所有的明天会更加辉煌！

开心一年年

学会宽容别人比什么都难，也比什么都可贵，宽容并不是降低自己的身价，而是升华了自己的心灵。

一天一天，一年一年，岁月如水般逝去，人们看惯了日升月落，习惯了一年四季、春夏秋冬的冷暖世象，习惯了世间万物的改变，却很难看淡人间的悲欢离合、情仇恩怨，更难将伤心难过看得风轻云淡。

我们每个人在日常生活中，无论是开心还是不开心，一天都要过 24 个小时，为何不让自己开开心心地度过每一天呢？老天爷对每个人都是公平的，不管是富人还是穷人，同样地一天拥有 24 个小时，如果想生活过得超脱些，就要学会主宰自己的命运，用最短的时间去调整自己的心态，要知道，伤心、烦恼、怨恨、忧愁不是解决问题的好办法，我们要学会保持乐观、开朗、平静的心态，善于缓解一切压力，化解一切烦恼，让自己的生活多些开心，少些烦恼。

人世间的一切名利都是变化无常的，不要执着于这些名利。真正重要的是一个人心底的善良，能够做一个善良的人，这才是最好的名；生活轻松，心情舒畅，开开心心，身体健康，这就是最大的利。拥有乐观的心态是最重要的，开开心心过一生，自自在在活到老。

人的一生是一个不断学习、不断完善自我的过程，但是总有领悟不透的真理，总有一些有意或无意的烦心事闯到心里来，人生如梦，顺少逆多，一辈子不容易，把一切都看淡些好，不要太认真，不要总是跟别人过不去，更不要跟自己过不去，百年岁月，也是转眼即过，所以要多珍惜，珍惜时光，也珍惜身边的人，过好属于自己的每一天，让自己开心度过这一生，自己开心，也就给身边的人带来开心。

开心是一种觉悟的境界，是一种宽容、安详的心态，退一步海阔天空，忍一时风平浪静。无论何时何地，对他人过失，心怀宽容；对他人苦难，心怀怜悯；对天地心怀敬畏，对万物心怀谦恭。对他人的过错，不幸灾乐祸，即使批评对方，我们也要心态从容，不疾言厉色，应该心平气和，像春风化雨，润物无声。学会宽容别人比什么都难，也比什么都可贵，宽容并不是降低自己的身价，而是升华了自己的心灵。

世间的劳苦愁烦、恩恩怨怨，没有什么是不能化解的，需要的只是宽容、大度，凡事都不要过于计较，计较得失，计较对错，到最后反倒是把自己的快乐计较没了，岁月会在我们的脸上刻下许多难以抹去的印记，心宽的人，那满脸的皱纹里盛装的都是幸福和恬然。心放宽了，世界就敞亮了，阳光明媚，即使有伤心落寞，也如天上游走的云朵，带来的只是清凉，而不是暗淡，只有把心放宽，道路才不会拥挤，而我们自己才会拥有更广阔的世界。

人活着一天就是福气，就该珍惜，人生短短几十年，不要给自己留下更多的遗憾。日出东海落西山，愁也一天，喜也一天；遇事不钻牛角尖，人也舒坦，心也舒坦。知足常乐，如果我们是一棵柔弱的小草，就不必去奢求竹的挺拔、树的高大，要为自己有“野火烧不尽，春风吹又生”的强大生命力而自豪；如果我们是一株质朴的向日葵，也无须羡慕玫瑰的芳香、牡丹的华丽，要为自己的昂首向阳、果实累累而欣慰；如果我们只是一个非常普通的人，不必去追求拥有辉煌的事业、华丽的归宿，那种平凡、从容的生活，就是最真实、持久的幸福。

忘掉种种多余无用的东西吧，忘名、忘利、忘仇、忘怨，重新开始。记住该记住的，忘记该忘记的，改变能改变的，接受不能接受的，开心地度过一天天、一年年，我们就可以让幸福像涓涓的小溪一样，在我们的身边静静流淌。

和幸福面对面

幸福是一种心态，也是一种感觉，幸福的前提是摆正自己的心态。

很多人一直在追寻幸福，渴望拥有幸福，甚至一生都在寻寻觅觅，其实很多幸福都在我们的生活中，而我们却在浑然不觉之中让幸福从我们身边溜走。幸福就在平凡的生活里，就在一粥一饭里，就在他人一个善意的微笑里，在一句真诚的问候里，就在每一个琐碎的日子里，其实，幸福是时光的伴侣，一直就在我们的身边静静地流淌。

生活也许平淡如水，但平淡中散发着缕缕清香，在善于发现的眼睛里，一切都变得栩栩如生、温馨可感。带着一颗敏锐的心灵去感知周围的世界，我们会懂得很多，也会欣悦许多。花开有声是幸福在绽放，树苗拔高是幸福在成长，余音绕梁是幸福在环绕。当我们把幸福比做香醇的美酒时，幸福就是那份酣畅；当我们的思绪在云间漫步时，幸福就是那份安闲；当我们享受风儿的轻拂时，幸福就是那份轻松；当我们和家人围坐共进晚餐时，幸福就是那份和乐。幸福是孩子们在尽情玩耍时，回荡天际的笑声；幸福是满头银发的老人携手夕阳的风景……

我们常常会对自己所拥有的一切漠然不知，却一直在苦苦地追求着自己未曾拥有的，并感叹触摸不到幸福的高度，眼中只有别人的幸福，长久以来，忽略了一直就围绕在自己身边的幸福，在自己的幸福中迷失了自我，并把快乐遗失了。

我们的生活样式，就像一幅油画，从近处看，看不出所以然来，要欣赏它的美，就非站远一点不可。幸福没有悬挂招牌，我们往往是与幸福面对面却不认识它，往往是身在福中不知福，如果我们站在别人的角度来看自己时，就会发现我们竟然是别人眼里非常幸福的人。

漂泊异乡的游子魂牵梦绕的是和亲人围桌吃饭的温馨一刻，可是我们为自己可以每天和亲人一桌吃饭，不需承受分离之苦而感觉到幸福吗？身受病痛折磨的人在呻吟声里期待着早日脱离病苦，重新拥有健康，可是我们为自己每天可以无病无痛、能吃能睡、能蹦能跳感觉到幸福吗？在硝烟四起、战火纷飞中，连生命都得不到保障的人们多么希望空气中火药的味道永远消失，可是当我们每天清晨，梳洗一新，呼吸着清新的空气，迎着初升的阳光，脚步轻松地行走在上班的路上时，我们感觉到自己的幸福了吗？

其实，我们拥有很多很多的幸福，它们一直就陪伴在我们的身边，只是我们没有发现而已。虽然没有刻骨铭心的印痕，虽然没有动听美丽的誓言，却那么的真切。蓦然回眸，恍然间才发现原来幸福一直都在我们的身边，原来幸福就在那点滴的生活里。我们因为幸福而快乐，因为快乐而幸福。只要我们不对生活期望过高，一定会发现幸福就蕴藏在平凡的心境中。

不要感觉幸福总与我们无缘，其实，真正的幸福来得很简单。幸福，就在我们的身边。可是如果我们自己不去感受，即使它们存在，也跟没有一样。幸福是一种心态，也是一种感觉，幸福的前提是摆正好自己的心态。如果我们心情忧郁，那炎炎夏日里我们听到的蝉鸣是无奈，漫长冬季里我们看到的飘雪是寒冷；如果我们的心情愉悦，那么会听到树林里知了在鸣唱着快乐，看到天空中的雪花飘洒的是浪漫与美丽。

其实生活中的幸福与年龄、性别和家庭背景无关，而是来自于一份轻松的心情和健康的生活态度，而且重要的是守望今天的幸福。或许，幸福的模样，就是现实中没有止境的忙忙碌碌，就是寻寻觅觅里回眸凝望的那一瞬清闲。它潇洒地吟咏着大江东去，它对镜自怜，慨叹着青春不回，它是心中的一首诗，悄然延续着岁月写不完的浪漫。

很多时候，我们感觉不到幸福，是因为我们把幸福的门槛建得很高，把自己挡在了幸福的门外。笨人寻找远处的幸福，聪明人在脚下播种幸福。幸福的人不会为了幸福去追求那些他们没有的东西，他们学着从自己的拥有中获得幸福，他们践行着满足的艺术，满足于自己所拥有的，就能变得快乐。不要去追求那些不切实际的所谓的幸福，野心终止了，幸福就开始了。幸福没有高度，只要每天都以知足的心态看待自己的生活，以全新的眼光注重并安享现有的一切，就会发现幸福时时伴随身边，温暖刻刻涌在心间。

幸福是一种感觉，感觉到了，便是拥有。珍惜身边的生活，你就是最幸福的人。

幽默是开心的源泉

幽默并非鄙夷，其真义在于爱，它不是出现在哄笑中，而是出现在安详的微笑里。

从前有个人在外地迷失了方向，一位热心的过路人走过来问："你是不是走丢了？"他笑着回答说："不，我还在这儿，可是火车站却被我丢了！"过路人被他的诙谐所感染，笑着给他指明了方向。

幽默能够引发喜悦，给人们带来欢乐，或以愉快的方式使别人获得精神上的快乐和心情上的放松。幽默是一种艺术，它能增进我们与他人的关系，并改善我们自己的人格和品质，富有幽默感的人是生动的人，与生动的人相处，会使周围的人都感到愉快和轻松。

用幽默的态度处世，可以卸掉那些原本压在我们肩膀上的压力，可以让我们始终以乐观的心态对待人生，幽默可以让我们在尴尬的处境中展现迷人的魅力，幽默可以使我们与周围的人和事融入一种亲密无间的气氛中，消除心理上的隔阂。所以，幽默对于我们来说，是风雨人生的处世法宝。

幽默像是击石产生的火花，是瞬间的灵思，所以必须要有高度的反应与机智，才能说出幽默的语句。在这个竞争越来越激烈的社会，幽默感对于我们来说，显得越来越重要了，因为它不仅能为严肃凝滞的气氛带来活力，更显示了我们高度的智慧、自信与适应环境的能力。在某种意义上说，培养自己的幽默感，也就是培养自己处世、生存和创造的能力。

美国著名诗人惠特曼是一个富于幽默感的人。有一次，惠特曼在一次大会上演讲，他的演讲幽默而妙趣横生。忽然有人喊道："你讲的笑话我不懂!"惠特曼感叹道："您莫非是长颈鹿？只有长颈鹿才可能星期一漫湿的脚，到星期六才能感觉到!"

人生有许多无奈、愁苦与悲伤。在生活中，岂能事事尽如人意？但是，幽默却是雨过天晴、迎向阳光的人生态度。之所以如此，是因为生活赋予了幽默、欢乐、机智、豁达等深厚的哲理和艺术内涵，你读懂了它们，也就读懂了人生，从而知道如何坦然地面对人生。充满幽默的人生是富有的人生。从幽默中汲取力量，可以使我们走出各种困境，摆脱种种烦恼。

美国钢琴家波奇有一次在美国密歇根州的福林特城演出，发现全场只有不到五成的观众。他当时非常失望，但是并没有表现出来，而是走向舞台的脚灯，对观众说："福林特这个城市里的人一定很有钱，我看到你们每个人都买了两三个座位的票。”于是全场观众大笑，演出得以顺利进行。

窘境是我们每一个人都可能遇到的，有的人在这种尴尬的时刻往往会不知所措，但是波奇先生在这里却用幽默的语言，既赢得了在场观众的心，又摆脱了自己的窘境，改变了难堪的状况。

幽默的形式和种类异彩纷呈，各种各样的幽默，像满天繁星，装点着浩渺无边的天空。这个世界如果缺少了幽默的点缀，就会变成一片寂寞的沙野。幽默存在于我们生活的每一个角落，使我们原本平凡无味的生活变得处处生机盎然。读一则笑话，听一段相声，看一个小品，即使我们心情原本不很开心，却也可以在捧腹大笑的同时忘记原来的烦恼，甚至还可以从中悟出些人生的哲理；平时与人聊天时穿插些充满智慧并且简洁的歇后语、谚语、俗语等，也会在不知不觉中将欢笑带给别人，使你的身边处处充满了笑声，让谈话变得既轻松又愉快。

幽默并非鄙夷，其真义在于爱，它不是出现在哄笑中，而是出现在安详的微笑里。宋朝有一个学士叫作石曼卿，一次他到寺庙游玩，有一个游人不小心碰到了他的马，马因而受到了惊吓，石曼卿从马背上摔了下来。他的随从便开始大声责骂游人，而石曼卿阻止了随从，温和地对惊恐不已的游人说：“好在我是‘石’学士，如果是‘瓦’学士，岂不要摔破了？”幽默是一种宽容精神的体现。要善于体谅他人，要使自己学会幽默，就要学会雍容大度，克服斤斤计较，同时还要乐观。幽默是一种奇妙的语言艺术。在众多的幽默中，自嘲是一种很好的方式。你可用它来活跃谈话气氛，消除紧张，也可以用它在尴尬中自找台阶，保住面子。

能自嘲的人绝大多数都是智者、高手，因为自嘲是要拿自身的失误、不足来开玩笑，对丑处、短处不予遮掩、躲避，反而把它放大、夸张、剖析，然后巧妙地引申发挥、自圆其说。这一点，如果没有豁达、乐观、超脱、调侃的心态和胸怀，是无法做到的。

幽默从机智出发，赋予机智更深厚的内涵，同时也对幽默自身的意念、态度和手法产生了影响。幽默与机智是密不可分的，幽默让人发笑，给人以舒适轻松之感，但是在笑声中常包含一个人的机智和高超的语言技巧。

传说韩信七岁的时候，有一天在街上玩，听到一家兄弟二人为一口井争吵不休。韩信问老二是怎么回事，老二说："老大富，我穷，分家时这一口井归我们两家。现在我想把这半个卖给老大。可他觉得反正不能搬走，就不想买。"韩信一听，笑了笑说："这好办！你用秫秸把半个井口围上当茅坑。"老大一听，只好花钱买下了这口水井。

幽默能使人急中生智，化解困境，或者从危险的境地脱身而出，创造性地、完美地解决问题。凡是具有较高情商的人，都特别善于用幽默来应付紧急情况。

从前有一个议员到乡下发表他的竞选演讲。谁知他才讲到一半，许多农民便向他投掷西红柿、鸡蛋、烂水果，以示反对。议员面对向他抛来的东西和农民的起哄，镇定自若，他一边抹掉身上的污渍，一边说："我也许不清楚你们的难处，但是如果你们同意我当选，我肯定有办法应付过剩的农产品的问题！"

幽默是一种乐观向上的精神面貌，有幽默感的人总是满怀希望地正视未来，常往光明的一面看，这正是人类成功的诀窍，是改变平凡人生的密码。

充满幽默的人生是富有的人生，幽默是一个人的学识、才华、智慧、灵感在语言表达中的闪现，它带给人们更多的是欢笑。在我们的生活中，幽默无处不在。幽默能带给我们乐趣，让生活中充满欢笑；幽默能给我们以哲理和启迪，让我们了解人生的真谛；幽默能给我们无穷的勇气和力量，让我们在风雨人生路上跨过一个个障碍。拥有了幽默就拥有了快乐，快乐是人生最大的财富。

换个心情活一下

清静不在热闹繁杂中，更不在一颗索求太多的心中，放下挂碍，开阔心胸，心里自然清静无忧。

生活是由心情着色的。好的心情总能让生活充满亮色，让不顺心的事情变得微不足道，让繁忙的工作也不那么让人烦扰，所以别再让坏心情影响我们了，换个好心情去迎接每天新的生活。

要学会平静。在我们跌入人生谷底的时候，身旁所有的人都会告诉我们：要坚强，而且要快乐。坚强是绝对需要的，但是快乐呢？在这种情形下，恐怕是太为难我们了。毕竟，谁能在跌得头破血流的时候还觉得高兴？但是至少可以做到平静。平静地看待这件事，平静地把其他该处理的事处理好。平静，至少不会郁闷，不会烦躁，没有快乐，却也没有不快乐。

要学会知足。为了寻找快乐，我们走遍了千山万水，始终见不到它的踪影。其实只要拥有一颗知足的心，快乐就在我们的身边。如果对目前拥有的一切觉得不满，等到拥有更多时，也不一定会快乐。生活就在我们每个人的身边，岁月的河流就在不经意间缓缓地从脚下悄然流过，一去不返，因此，我们千万要记住，珍惜曾经所拥有过的一切!

学会简单。因为思虑过多，我们常常会把人生复杂化了。明明是活在现在，却总是对过去念念不忘，又对未来忧心忡忡。坚持携带着过去、未来与现在同行，那只会给人生增加负担。美好的生活应该是时时拥有一颗简单而轻松的心，不管外界如何变化，自己都能有一片自在的天地。清静不在热闹繁杂中，更不在一颗索求太多的心中，放下挂碍，开阔心胸，心里自然清静无忧。

学会从容。兰花就那么简简单单的几片绿叶，就一朵或几朵白色的小花。它习惯了寂寞，不因为无人欣赏而减少自己的芬芳。它淡雅而悠远，不染纤尘，从容地自开自放，并非甘于平庸，而是细腻地去感受生活中从未缺少的快乐。人生亦是如此，或如夏花绚烂，或如秋叶飘零，不管成败荣辱，我们都该从容面对。生命如同四季，风露荣枯，知春、识秋，看雪、赏花，就会活出淡雅而美丽的人生。

学会豁达。能够学会豁达，就不会纠缠、悔恨于自己的某种缺憾，就不会困惑、迷惘于自己一时的挫折。即便我们与春天走失离散，最后还会相遇夏天的热烈、秋天的成熟、冬天的冷静，青春依然会与自己相依相随；即便与夏天失之交臂，我们还会遇到春天的活泼、秋天的爽朗、冬天的蕴藉，火红的日子依然会和自己相依相抱；即便与秋天不再相逢，我们还会邂逅春天的绰约、夏天的飞扬、冬天的含蓄，多彩的生活依然会与自己相绕相环；即便与冬天相距甚远，我们还会相遇春天的清雅、夏天的激昂、秋天的深邃，晶莹的人生依然会与自己相依相存。所以没有所谓的对与错、得与失，无论是在哪个季节，我们都会有人生的收获。

学会坦然。坦然，是一种失意后的乐观；坦然，是沮丧时自我的一种调整；坦然，是平淡中的一份自信；坦然是一份快乐，是一种潇洒。

在人生中，许多的成败与得失，并不是我们能预料到的，很多的事情也并不是我们都能够掌握的，但只要我们努力去做，求得一份付出后的坦然，其实得到的也是一种快乐！曾经笑过也哭过，曾经功成名就过，也曾失败没落过。但是当回首这一切的时候，我们仍然感到骄傲，因为我们曾勇敢地面对了这一切，坦然，会让我们的生活美丽而快乐！

当我们换了个心情时，会发现生活原来一直是如此的美好，能够拥有好心情，我们就能收获许多生活的快乐。

做一个拥有中国灵魂、世界胸怀的人

宽容是圆融通达的智慧，是看透了社会人生以后所获得的那份从容、自信和超然。

中华历史源远流长，华夏文明博大精深。五千年的文明史及其深厚的文化积淀足以令广大的中国人骄傲。其独具特色的语言文字、浩如烟海的文化典籍、惠及世界的科技工艺、精彩纷呈的文学艺术、雄伟辉煌的建筑、充满智慧的哲学宗教、完备深刻的道德伦埋等等，都是中华民族引以为豪的传统文化的核心内容。

博大精深的中华文明以华夏文明为主体，吸纳、融合了各地文明。宛如海纳百川，奔流不息。在与世界其他文明的交流、碰撞中，中华文明以其无与伦比的包容和再生力，实现了自身的创新和发展，并推动着世界文明整体的进程。

所谓中国灵魂，也许是身居陋室，粗茶淡饭也不改其乐的一种灵魂力量，它是内心的坚忍与强大才可以支撑的人生，它可以承载常人所不能的信念与理想。

中国灵魂，或许是那种自古提倡的吃苦耐劳、厚德载物、宽容待人、包容一切等一系列优良的品德，正是这些品德延续着我们这个古老民族的灵魂，这些民族的瑰宝是我们永远的财富。中国灵魂是与民族文化深入交融的产物。是对祖国的忠诚与热爱，对传统文化的理解与认同，是对中华文明继承与发展的结果。

所谓中华民族的传统美德，是指中国五千年历史流传下来，具有影响力，可以继承，并得到不断创新发展，有益于后代的优秀道德遗产。它是中华民族优秀的道德品质、优良的民族精神、崇高的民族气节、高尚的民族情感以及良好的民族习惯的总和。它标志着中华民族的“形”与“魂”。它也是我国人民两千多年来处理人际关系、人与社会关系和人与自然关系的实践的结晶。

作为中国人，我们应该感到自豪和光荣，我们要继承和发扬中华民族的传统美德，我们每一名中国人都有这个责任和义务，用中国人的优秀品德来教化世人、影响社会、感染世界。

所谓世界胸怀就是不拘泥于我们自己的国度和思维，要把眼光放在更广阔的天地中，那样我们才能看得更清楚、更明智。我们要融入国际社会，熟悉国际环境、掌握国际语言、具有国际眼光、通晓国际知识，同时虚怀若谷，让自己胸怀世界，容得下天地。

海纳百川，有容乃大，同样，胸怀博大，源于一颗宽容之心。宽容是一种文明和进步，它为每一个人的自由发展和创造提供条件。宽容是一种高贵的品质，是精神的成熟、心灵的丰盈。宽容是圆融通达的智慧，是看透了社会人生以后所获得的那份从容、自信和超然。

翻开中华民族上下五千年的历史，透过风云变幻的画面，我们看到许多雄才大略的政治家用宽容激起心灵的撞击，令世人臣服，给社会以祥和。我们每一个人也都需要宽广的胸怀，包容一切的胸怀，敢于容纳对方的胸怀。让我们放开自己的胸怀，包容一些人、一些事，我们都将会看到一片崭新的风景！

彰显个性的风采

世界上没有两片完全相同的树叶，也没有完全相同的两个人，在生活的舞台上，我们每个人都永远是主角。

人不可能踏进同一条河流，因为河水是不断向前流动的。流动意味着变化，流动的河水仿佛是时代转动的车轮。变化的时代赋予我们多彩的人生，多彩的时代也应塑造出我们鲜明的个性。

人生于世，你有你的行为目标，我有我的生活准则。活在别人设计的圈里，那是生活的奴隶，活出自我，个性飞扬，这才是我们的本色。

世界上没有两片完全相同的树叶，也没有完全相同的两个人，在生活的舞台上，我们每个人都永远是主角。站在各自的舞台上，以各自不同的方式，演绎着自己与众不同的故事，无须自卑。只需把自己的人生台词精心地推敲，只需让自己这个角色光彩夺目。你有你的辉煌，我有我的亮点，你有你的天地，我有我的世界，以各自独特的魅力，展示卓然不同的色彩。只要努力了，就是一次胜利，人生也会因此少了许多遗憾。

人生短暂，勿须遮掩。不要希求他人的好运，也不要羡慕他人的成功。每个人都有自己的特长，都有自己特定的天赋与素质，每个人都有自己的风格，对人生的设计不能强求一致。只要选择了符合自己特长的奋斗目标，就能够成功，就会绽放自己的个性风采。当然，这不是让我们特立独行，别出心裁，脱离社会实际，脱离大众，而是在顺应时代，随顺历史潮流的前提下，根据自身的条件和天赋，在生活中找好自己的人生坐标，坦然地扮演好我们应有的角色，以一种宽容大度的精神面貌，把自己最亮丽、最光彩、最动人、最阳光的一面展现在世人面前。

我们每个人的个性，构成了大千世界的五彩缤纷。可以轻松自在但不能放弃责任，可以谨慎持重但不能呆板刻薄，可以洒脱无为但不能放任不羁，可以昂扬向上但不能张狂自大……

我们与这世界本无契约，世界对我们却满怀期待。我们尽可以最大限度地展示自我，求得个性的施展。给这个世界以精彩，也让自己活得精彩。

水到绝境是飞瀑

生活只是一面镜子，当你对着它哭的时候，你看到的生活是充满泪水和苦涩的；当你对着它笑的时候，它呈现出来的就是快乐和幸福。

生活从来都不曾放弃过谁，只有人自己放弃自己，不是生活辜负了我们，是我们误解了生活。生活只是一面镜子，当你对着它哭的时候，你看到的生活是充满泪水和苦涩的；当你对着它笑的时候，它呈现出来的就是快乐和幸福。如果我们拥有坚强、乐观、豁达的心境，那么即便生活只给了我们几个能动的手指，我们也能用它打开一个广阔的世界。

生活中难免有种种不如意，总会遇到沟沟坎坎、曲折不平，不必灰心，更不要有怨恨，千万不要让沙漠接管了你的心灵，生活是要向前的，把内心的失落埋在春的泥土里，滋养我们的人生记忆，用乐观、勇敢开出下一个靠自己打拼的花季。

生活没有所谓的绝境，所谓的濒临末路，只要鼓起勇气，再前进一步，拐一个弯，你就会发现绝境背后的壮丽和辉煌。人生应该像是一棵耸立在峰顶的松树，经受漫长冬季里风摇冰压的磨砺，仍能用自己的断枝作笔，在大自然的扉页上写下充满乐观、坚毅的生命之诗。

活一回不包装的人生

成长，不是简单意义上年龄的增长，它更应该是心理上的一种成熟，是饱经沧桑后从磨难中理解了生命的更深意义。

岁月如流，日月如梭，生活里有阳光的灿烂明媚，也有小雨的清凉润舒，感受着，珍惜着，收纳心中，温润了我们平淡的生活。在平淡的生活中体味生活的甘冽，寻找生活的情趣，享受幸福的人生，在平淡中追求我们的理想，探寻人生的真谛。

生活在这个物欲横流的社会，一些成败得失，一些爱恨情仇，一些寂寞孤独，一些烦恼忧愁，一些风雨坎坷时常困扰我们。在这些不顺心的日子里，有时我们会情不自禁地感叹，活得真累，活得真烦。在寻找了千百种理由之后，当我们蓦然回首曾经走过的那些岁月时，会恍然发现，其实生活赐予我们的，并没有与别人有什么不同，呈现在视野里的生活，每个人都一样，不同的是我们的人生观和世界观，我们之所以烦恼重重，是因为我们放不下架子，撕不开面子，解不开情结，胸襟中缺少一份“平淡”与“坦然”。

不要抱怨贫富不均，生不逢时，社会不公，机会不等，制度僵化，伯乐难求。要知道，其实每个人都平等地享有同一片蓝天，同一方沃土，只是我们做出的努力还不够，却奢望获得我们所要求的结果。上天是公正的，也是公平的，他不会厚此薄彼，他只会眷顾那些勤奋上进之人，你付出了多少，上天就回报你多少，只是我们的欲望让天平失去了平衡。

有钱的人怕别人知道自己有钱，没钱的人怕别人知道自己没钱。很多事情不必太在意，不要追求那些外在的辉煌和人前的风光，成功不是炫耀给别人看的，失败也不要怕别人嘲笑，淡然地看待生活中的得与失，豁达地面对生命里的成与败，珍惜人生的每一种经历，细细地去品味人生的每一种滋味，给生活一丝坦然，给生命一份真实，给自己一份感激，给他人一份宽容。脱下外在的伪装，让我们的生活简单些，在平淡中享受生活的美好，收获人生的美丽。

不要让自己的心太累，要学会让心灵去感知生命，在疲惫郁闷的日子里，换一种心情，换一种活法，沐浴阳光，享受生活，潇潇洒洒走在自己的人生征途上。放下内心的曲折和虚荣，放下人生的繁复和忙碌，把目光投向那深邃的苍穹，那么光顾心灵的就会是朗照的阳光，是飘逸的白云，是林间的风，是啁啾的鸟儿，而不是狭隘的屋檐内的人间恩怨、世间得失。

在生活中，我们不要因为某些得失而让欲望不断膨胀，斤斤计较；不要因为某些事情有一点不太公正或者不太公平而心怀不满，怨天尤人，怒气冲天；不要让自己的许多非分之想，寄生在自己的灵魂里，并任其不断地发展开来。时常想想，失去的就让它失去，也许是一种恩赐。得到的，就好好珍惜，是天意，也是一种恩赐。

红尘万丈，波心万点。人生原本简单，生活其实很美丽，我们无须太过复杂、太过繁琐，不妨简单些，朴素些，过一回没有包装的人生。素面朝天会给人一种亲和、一种踏实的感受，也会给生活带来无限的乐趣和美好。成长，不是简单意义上年龄的增长，它更应该是心理上的一种成熟，是饱经沧桑后从磨难中理解了生命的更深意义。于是，倚楼听风雨，笑看人生路，一任红尘滚滚，心自清风朗月。

及时修正成见

不要因一些妄言而使我们的生活充满琐碎的烦恼，只有时时保持警惕，对自己保持应有的怀疑，才能真正放下成见，修正见解，把握正确的前进方向。

榴莲散发的气味确实不是很好闻，所以很多人都对它没有好的印象，但品尝过后的人，总是会改变自己原来的想法。我们生活在这个繁复的社会，大多数人总是人云亦云，盲目随众，没有自己正确的主见，随波逐流，无所适从。

我们都知道人的第一印象非常重要，不管是直接的认知，还是间接的了解，很多时候，在没有真正了解清楚的情况下，我们总会给他人贴上这样那样的标签，做出或好或坏的评判。其实人们之间的真正感情最不应该被成见束缚住。当我们被成见遮住双眼，与人相处时，不是无端怀有戒心，随意冤枉无辜，便是盲目信任他人，同时由于被成见所拘，对错好坏缺乏正确的判断力，往往会得到不好的结果。

心怀成见者，看待人与事就仿佛戴着一副有色眼镜，所看到的人与事也就失去了本来的颜色和面目，他们总是歪曲事实，画蛇添足，弄巧成拙。无论何时何地，若能及时修正自己的成见，我们对于所接触的人和事就能心平气和，虚心体察，以事实为依据，以宽容的心对待。这个时候，我们为人处世就可以抛开有色眼镜，铲除心中成见的荆棘，让人与人之间的关系变得更加通畅与真实，欢快愉悦。

一旦我们对一个人的品行、能力在心中形成某种成见，就会很不妙，很容易造成诸多误会和不好的结果。太阳西升总是不靠谱的事，所以，不要因一些妄言而使我们的生活充满琐碎的烦恼，只有时时保持警惕，对自己保持应有的怀疑，才能真正放下成见，修正见解，把握正确的前进方向。如此，才能体会到人与人之间的真诚与友谊，才能体会到生命的快乐与美好。

不要让良知飘散在自己的冷漠中

一任红尘滚滚，心自清风朗月。

红尘万丈，人海浮沉，万里烟云将人的一生紧紧缠绕。光阴似河，在潺潺流动中，带走了一片片树叶，带走了一盏盏渔火，同时也不露痕迹地把岁月带走了。人既然无法抹去岁月烙下的印迹，又何必对脸上的沧桑耿耿于怀，关键是不要让心灵荒芜。岁月可以带走人的青春，带走财富，带走地位，带走情感，但是，无论岁月多么无情，我们也不要让岁月把我们内心的良知带走。

平生只会量人短，何不回头把已量？对朋友，对亲人都不要有太多苛责，毕竟我们是生活在人世间，和我们相处的人都是我们与生俱来的有缘人，相处多了难免有摩擦，难免有看不惯的，不要拿圣人的标准去衡量别人，那只会给自己给他人带来无谓的烦恼，如果有摩擦，一定要相信一点：不是别人哪里不对，是我们自己的心胸还不够开阔，是自己的眼光还不够长远。不要为任何事情去埋怨，如果要埋怨也是埋怨自己的心胸太过狭隘，还不够大度，还有包容不了的人或事。再大的不快，再激烈的冲突，都不会在宽容的心灵里过夜。

人生路漫漫，总在得失之间一路取舍。有爱的人生是幸福的，无论是我们的内心有过怎样的挣扎与痛苦，那都是一种经历，一种人生的磨砺，会让我们的心智逐渐成熟丰盈。痛苦会随着时间的流逝逐渐淡去，爱的馨香会陪伴我们一生。

那些缀在流年上透明晶亮的记忆，回首遥望，已是风轻云淡。曾经艰辛困苦，曾经心酸泪流，曾经悲痛难抑，可当我们推开心窗时，一切都在潇潇风雪中走远。人生悲喜的两面，原来都铺展在了同一张页面上。我们因此真诚地感谢他人，感谢生活，感谢命运。

我们送走了一个又一个忙碌的日子，接下来的日子也未必轻松，就算如此，也不能放弃生活的主流：包容、平淡、快乐、结缘、微笑。如果这个世界没有了善良，那么我们这个世界也就到了被终结的地步。当白发一根根落下，我们还在坚持着我们的初衷。不管生活中有多少艰难，也应该坚持自己的善良；不管生活中有多么孤独，也要坚守那份人格的高尚。

爱出者爱返，福往者福来。善良的人们往往会这样告诉人们：其实一份爱心，往往能带来一个传奇。心中有佛，见的都是光明，说的都是善良；心中有魔，见的都是黑暗，说的都是邪恶。世事的结局，往往与心态和气量有关。如果我们对这个世界充满了怨恨，那么这个世界怎能给予我们想要的幸福？有许多东西应该遗忘，比如仇恨和嫉妒；有许多事情应该铭记，比如爱和关怀。不要给自己的冷漠找任何的理由，以怨恨去回报怨恨，那怨恨就会没有尽头；以德行去回报怨恨，那怨恨顿时就会消失。拥有宽容的美德，我们将收获笑容。

活下去就是真谛

我们只要活一天，就要勇敢地面对生活，真切地体验人生，坚强地迎向风雨，活得真实，才是存在的必要。

人生的很多时候，就如一场场战争，我们总是渴望胜利，但失败又在所难免。其实，没有必要拒绝失败，输掉了感情，心情还在，破灭了理想，思想犹存，丧失了这个机遇，还有下一个机缘。哪怕再痛苦的过往，也是我们活过的印迹，我们无须忘记。伤口是不用给别人看的，刺的是别人的眼，痛的却是自己的心。要相信，只要坚持，我们就不可能完败。

面对困境，我们无须祈祷，要潜心寻找出口，或许转机就近在咫尺；失败后无须哀叹，那仅是心灵的负重，要努力在失败中汲取教训，让教训变成闪光的金石；迷茫中无须等待，守株待兔不会重演，要勇敢地与过去决裂，在拼搏中突出命运的重围。只要不抛弃自我，不放弃追求，你终会找到属于自己的一席之地。

我们只要活一天，就应该勇敢地面对生活，真切地体验人生，坚强地迎向风雨，活得真实，才是存在的必要。真诚地对待朋友，坦诚地面对自己，真实地面对生活、面对生命，体验生命中每一天真实的生活。就算受尽艰辛，累累伤痕也是生命给我们的最好礼物。生命原本就需要坚强和快乐，不要去考虑它的长度，我们需要保护它的尊严。生命就像一面飘扬的旗帜，让我们活着去领悟它的真谛吧!

风吹散了什么

东南西北风伴着历史前行，依旧没有停止自己的脚步，让新一缕春风吹走那些曾经的琐碎、烦恼、忧愁与疲惫，开开心心地走好我们每一天的心路历程吧！

人间五千年，大江悠悠东去，青山挡不住，毕竟东流去。历史这片变幻莫测的风云，吹散了多少爱恨情仇、成败得失。曾经的豪侠义士、千古帝王，他们的丰功伟绩、千秋霸业终究不过是一抔黄土掩风流。

大漠边关的风沙战火湮灭了多少骁勇战将，更迭了几代王朝。千古一帝的秦始皇，刘邦和项羽的一段兄弟恩仇，不过演变为一个得江山，一个失江山，只是换了执掌帝印的手。历史的云烟散去了多少英雄好汉的豪迈气概，散去了曹孟德东临碣石的满怀壮志，散去了刘玄德托孤白帝城的谆谆遗言。还有多少海誓山盟、一代天骄、万世豪情、千古风云都伴着岁月的逝去，消散在历史的时空。

时光不会停留，历史仍在延续。西北风造就了枯叶飘零，天寒地冻，春风则将沉睡的万物再一次唤醒，万物再一次伸展了自己的身躯，潺潺的流水开始了高山流水的前奏，绿的草，红的花，到处一片繁荣的景象。春风吹走了一年的过去，却吹来了新一年的到来。

时光匆匆，岁月无情，东南西北风伴着历史前行，依旧没有停止自己的脚步，它们吹散了那些过去的恩仇、得失、成败，留下的天还是那一片天，地还是那一片地，留下的人间还是那个人间，春天依旧还是那个美好的春天。一年又一年更迭，就让新一缕春风吹走那些曾经的琐碎、烦恼、忧愁与疲惫，开开心心地走好我们每一天的心路历程吧！

不要和命运谈条件

我们自己勤奋努力，然后才能从命运那里得到应该得到的。

命运不是一场交易，我们来到人世间没有人强迫，想退出也没人阻拦，最多只有同情。一时的同情，并不能给我们多少帮助。命运不会在乎你是谁，它总是按照自己的轨迹前进，面对命运，不用说平常百姓，英雄也常常无可奈何。

谁要是要求和祈祷命运，那是一种无知和愚昧。不要和命运谈条件，人生是我们自己的态度造就的，自己如果不努力去创造自己的机遇，不通过勤奋的劳动去改变自己的生活，我们的人生就不会朝着更好的方向前进。面对自己的懒惰，只有勤奋；面对自己的自私，只有豁达；面对自己的软弱，只有坚强。我们如果不去改变自己的诸多缺点，哪里来的美好人生，哪里会有好的结果呢？

不要和命运谈条件，更不要去埋怨命运没有如我们所愿，命运没有义务无条件地给我们提供想要的一切，我们只能是自己勤奋努力，然后才能从命运那里得到应该得到的。一时的努力也许还不能收获什么，但是如果我们不努力，就连收获的希望都会失去，只要坚持不懈努力，最终就一定会有收获。

投入地笑一回

痛苦或是快乐只取决于我们的内心感受。对待烦恼和痛苦，学着去接受它，坦然地面对它，用一份淡然去经历它，我们就会笑傲人生。

人活一世，草木一秋，人活的就是一种心情，不管成也好，败也好，爱也罢，恨也罢，与其烦恼重重，困扰今生，不如让自己真正笑一回。珍惜现在所有的所有，珍爱自己曾经的曾经，开心地一笑，投入地一笑，也让我们这一生不虚此行。

我们要学着善待自己。因为，人只要活在这个世界上，就会有许许多多数不清、理还乱的事情纠缠着你，痛苦或是快乐只取决于我们的内心感受。对待烦恼和痛苦，学着去接受它，坦然地面对它，用一份淡然去经历它，我们就会笑傲人生。就好像海上航行没有不带伤的船，再重的担子，笑着也是挑，哭着也是挑，何不开怀一笑。不开心、不顺心就睡一觉，过去了就好了。

每天都给自己一个希望。每天给自己一个目标，给自己一份信心，给自己一点激发生命激情的催化剂，给自己人生一个美好的支撑点。试着不为明天而烦恼，不为昨天而叹息，只为今天更美好；试着用希望迎接朝霞，用欢笑送走余晖，用内心真正的快乐涂满每一个漆黑的夜晚。

夕阳如金，皎月如银，人生的幸福和快乐尚且享受不尽，我们哪里还有时间去烦恼、去生气呢？不妨投入地笑一回吧，就让心像平静的湖，倒映蓝天丽日，让心像广阔的海，容纳百川千溪。

以生命的名义

宽恕曾经无法宽恕的，原谅曾经无法原谅的，生活需要倍加热爱，人生需要坦然面对。

婴儿的第一声啼哭，昭示着一个新生命的诞生。生命力的延续是一个美丽而幸福的过程，有了生命就会有蓬勃的希望，对美好事物的向往，对浩瀚世界的探求，这一切的一切都是生命中自然的滋生。

我们是芸芸众生里的一员，既然来到了这个世界，就应该让自己生命里的一切思想、情怀、品格盛开在三月如诗如画的原野，在寂寥的人生路途上，用生命去唱一支热烈而充实的歌。这样，才算得上是善待生命，不负年华。

生命中有鲜花和掌声，有荆棘和泪水，有欢乐，也有痛苦，而我们为了追求那醇美如酒的欢乐，就必须忍受那酸涩难咽的痛苦。当我们漫游生命之旅时，自然会遇到狂风暴雨的袭击，自然会遇到分别离愁的悲楚，自然会遇到痛心疾首的悔恨……每一个善与恶、美与丑、分与聚、悲与喜的空隙都有生命划过的痕迹，而生命延续的美丽却是有限的，因此我们要格外珍惜。

仔细想想，只此一生的我们，其实没有多少犹豫的时间，也没有多少错过的余地。与其到年老时去痛悔对光阴的挥霍，不如在年轻时就用最大的力量去好好把握。

天有不测风云，人有旦夕祸福，无须计较什么。刹那芳华，红颜弹指老，活着就是幸福。岁月无法挽留，我们要从容面对生活，快乐地度过每一天。别再犹豫和等待，宽恕曾经无法宽恕的，原谅曾经无法原谅的，消除心与心之间的隔阂和误会，还掉欠别人的钱和情，与仇人握手言欢，放下便是自在。人生清清白白来，还要清清白白去，不要让有限的生命旅途留下太多遗憾。世上没有放不下的事情，没有化解不了的恩怨，生活需要倍加热爱，人生需要坦然面对。

生命是一曲优美的交响曲，是一篇华丽经典的诗章，是一次历尽挫折与艰险的远航。我们歌颂生命，因为生命是宝贵的，我们每个人只有一次；我们热爱生命，因为生命是美好的，它令我们的人生焕发出灼灼光彩。

让我们以生命的名义，用心聆听天籁圣洁的歌声，永葆一个清辉净透的灵魂吧。如果我们始终微笑着善待生命，就能享受生命，珍惜生命，超越生命，在岁月的风霜雪雨中轻松安详地走完这一生。

第四章

达观

坐于流云的肩头

有些事不必强求，回首过往，所有的经历都成了我们人生的财富。

人生如风，悲欢离合，岁月如风，浮浮沉沉，往事如风，起起落落。时间承载着记忆的画卷，凝成璀璨的水晶，轻轻一碰，碎成了一地晶莹。

岁月的河床中，曾落下或深或浅的记忆，在梦幻般的色彩中渐渐迷离。而时光的痕迹，在渐行渐远中，由模糊变得清晰时，那份感动油然而生！当重温那灿烂的笑脸，将美丽的瞬间定格在了那久远的昨天，或许，只能在隽永的文字中捕捉那份久违的感觉。心，在此刻跳跃，跳动的心脏如旋律优美的音符，用执着弹奏出了一曲曲感人肺腑的诗篇！

很多事情已经走远，让你看不清它们的背影；很多事情不能忘记，总能感觉到它们的温馨。朦胧中，给自己几许欢欣，几许哀伤，几许苦涩，几许酸甜……

也许，那是一声成功的欢笑，笑声中却带着幼稚的轻狂，殊不知成功是暂时的，此时的成功并不等于以后的成功；也许，那是一杯失败的苦酒，苦味里却酿着成熟的稳健，它为下一次的成功积累了经验；也许，那是一朵炫目的浪花，曾经迸发出生命的异彩，彰显魅力的个性；也许，那是一段诙谐的插曲，曾经带给过你喜悦的瞬间。相遇，相识，相知，相别，相思……也哭过，也痛过，也闹过，也有过愉悦的欢笑，也有过幸福的过程……或许，有些痛是刻骨铭心的，让人一辈子都难以忘记，但是，生活还是要在日复一日年复一年中延续。人总是在挫折中学着长大，思想也会伴随着忧伤潜滋暗长，慢慢成熟。尽管过去的都已成了永久的回忆，但是，记忆中的点点滴滴又何曾远去？茫然、无助、黯然神伤正悄悄乘虚而入，有时，太多的感伤纠结在一起，让人始终无法逃离，连每一次的呼吸都显得异常无力，就这样沉浸在悲伤中，我们犹如迷失了方向的羔羊找不到归途。

伤了、痛了、累了之后，我们这才猛然发现原来自己是多么可笑！生命是帆，它让人们在穿越险滩的同时，体验到了前所未有的痛苦和无助；生命是桨，让人们在摇摆中感受到人生的起起落落；生命是船，承载着人们乘风破浪，在浪尖上体会着人间的悲欢离合；生命是歌，唱响了生活中所有的喜怒哀乐。回首过往，所有的经历都成了我们人生的财富。

人生于世，不知要经历多少人间沧桑，体会多少世态炎凉，闻听多少趣闻逸事……有些人，不会停留，有些事，不必强求，那些只是人生中的小插曲。我们只是沧海一粟，如此渺小，对于有些事，无能为力也是情理之中的，不如坦然面对。伤也好，痛也罢，都已成为过往。过去的已经过去了，过去的事情是无法改变的，你不能重新开始，也不能从头改写，就像打翻了的牛奶，为之哭泣、埋怨、沮丧都已于事无补。为过去哀伤，为过去遗憾，除了劳心费神、分散精力，没有一点好处。

滔滔江水向东流，往事回首恍如梦。伤害可以泅渡，寂寞时我们要学会转身。是对是错，无须分辨；是荣是辱，莫去思量；是爱是憎，何须理清；是成是败，不必在意。千秋历史尚被雨打风吹去，何况个人那些微不足道的恩恩怨怨、成败得失？何不轻坐于流云的肩头，笑看人间的千年故事，采撷一缕清晨的幽香，给自己一季的芬芳，放下所有的过往，以从容的心境迎接那即将升起的朝阳。

星星与微笑

只要你心情好，世界上的一切都在向你微笑。

“星星眨着眼，月儿画问号，彗星拖着长长的尾巴，彩虹来架桥。”这是小孩子们都很喜欢的儿歌。一天，一个小徒弟突然问我：“师父，星星既然会眨眼睛，会不会微笑啊?”我当时真是丈二和尚摸不着头脑，为了不扫他的兴，就信口答道：“当然会啦!”说罢，我便有些底虚，以至于把口水都咽了下去。

今晚月儿不太明朗，所以星星们露出了久违的面容，故意让我一睹他们的微笑。瞧，白羊座的星星们激情盎然，连微笑都生机勃勃，昭示着崭新的生命力；“哞”一声，实干的金牛星星们没有一点紧迫感地微笑着，似乎不轻易浪费自己的能量；来无影去无踪的双子星星们微笑起来散发着孩子般的纯洁和天真；深居简出的巨蟹星们，一颦一笑间好生敏感，似乎有些思想保守；理想主义的狮子星们，微笑充满了热情，英雄主义的色彩展露无遗；低调的处女星们，反复斟酌着自己的微笑，打算和蒙娜丽莎的微笑媲美；和蔼可亲的天秤星们，微笑起来，仇恨和敌意便无法靠近，笑声中弥漫着艺术的灵感和才华；天蝎星们笑容来得快，退得也快，真是神秘性、倔强性十足；性格开朗的射手星们微笑着，跺着脚，贪婪地呼吸大自然的空气，给人感觉思想很活跃；摩羯星们沉着冷静，那微笑的确很具杀伤力；不甘示弱的水瓶星们微笑起来很新奇，古怪、创新的念头伴随着微笑已经诞生了；微笑的双鱼星们，仿佛对一切都感兴趣，安静、温柔而又深远莫测……

满天星斗，傲然苍穹，其实，只要你心情好，世界上的一切都在向你微笑。徒儿啊，师父现在心不虚了，对于你的提问，现如今可以做出正面的回答了，不知你满意否？

相逢在开往春天的列车上

也许我们依旧平凡，但我们对生命的忠诚一样会让人生精彩纷呈。

北风寒，西风烈。冷冷的冬天过后，就是春风和煦的好时节。寒风中，我们独行，不屈不挠是我们的品格；霜雪里，我们伫立，也曾学梅花傲雪。梅花经历了严冬，她的绽放才显得更加壮观和神奇。

我们欣赏天边的明月，也欣赏冷冷的细雨。自古寂寞是英雄，高处本来就寒冷。要学会享受孤独，顶天立地才是真正的英雄。不依天，不靠地，自强自立才是我们的人生轨迹。因为这份独特的个性，你的人生才更加的精彩和美丽。

春天没有把我们忘记，你瞧，它的脚步越来越近。这是一趟开往春天的列车，它载着心中盛满希望的乘客。真诚地走一回，真心去爱一回，每一个人都是彩虹的宠儿，看每天升起的太阳，它的温暖是那么的公平。看每天的夕阳西下，我们没有权利去怀疑生活。

春天就要来临，抹去过去的灰色，掸掉身上的尘土，迎接新的曙光，我们开始了新的梦想。这是开往春天的列车，这里有你许多的朋友，当然也有我。请相信，你的坚强会为你的人生铺满盛开的花朵。也许我们依旧平凡，但我们对生命的忠诚一样会让人生精彩纷呈。祝福你，我的朋友，愿我们相逢在开往春天的列车上。

为了那些忘记

不要为了过去的事而嗟叹、苦恼，过去的已经过去了，把关注的焦点放在眼前的一刻，把眼界放宽，我们会因为此刻生命的存在而喜悦。

岁月如水，时光如电。在匆匆流走的岁月里，我们曾有过很多忧伤、惆怅、徘徊、纠结。很多东西在真正失去的瞬间，我们才会感觉到刺骨的心痛，失去了才知道珍惜，错过了才发现美丽。但时光是如此宝贵，不能让那曾经的忧伤影响了我们美好的心情。

在生活中，我们往往会问自己，记住了些什么，感动了些什么，哪些友谊需要我们铭刻，哪些人需要我们感恩……但是在我们的内心深处，铭刻最深的还是那些曾经的伤痛。

有时，我们会叩问命运，我们到底为什么活着。不是为了铭记那些忧伤，不是为了铭记那些伤痕累累，不是为了铭记那些不美好，记住那些该记住的，把该忘记的都忘记吧，我们可以让自己在忘记中成熟。

不要为了过去的事而嗟叹、苦恼，过去的已经过去了，再去想它，只会徒增烦恼，把关注的焦点放在眼前的一刻，把眼界放宽，我们会因为此刻生命的存在而喜悦。至于明天，也无须费神，随遇而安吧，只要不是太过挑剔，也不要太过埋怨，新的明天会是充满希望和光明的一天，只要你保持乐观，快乐就不会离开我们。

快乐是自我的，烦恼也是自我的，那为什么不自找快乐呢？不要放过替自己和他人带来快乐的任何机会，自己快乐，并把快乐传递给别人，懂得分享快乐，才能让快乐加倍。

贪婪是最真实的贫穷，满足是最真实的财富。拥有得越多，计较得就越多，快乐也就越少。快乐是免费的礼物，那些简单的心灵常常迎接并度过许许多多快乐而丰富的时光。当我们学会快乐地度过每一天、珍惜每一天时，就会发现生命如此美好，上天真的很偏爱我们，全世界都在对自己微笑。

还有什么是比生命更珍贵的？这仅此一次的生命，难道我们不该活得漂亮洒脱？我们在思考问题时，有时可以换一个角度，换一个思路。这会让我们更加深刻地去揭示人生的真谛，也会使我们的人生变得更加有意义。

幸福的方向

幸福是一种感觉，一种平和的心态，一种淡泊的境界，一种感恩的生活态度。

人生在世，人人希望获得幸福。但是，在所有的人生体验中，幸福可能是最无确定的指向和定义的，没有人能说出幸福是什么东西。

的确，幸福是很抽象的。幸福是一种感受，是心灵的一种愉快的感觉与状态。在幸福面前，人人是平等的。不是吗?《福布斯》富豪榜上的有钱人与大街上在烈日暴雨下乞讨的乞丐享受的幸福是平等的，没有人敢说，有钱有地位的人就一定会比穷人过得快乐。其实，很多时候，幸福并不像我们想象的那样遥不可及。一个美美的懒觉；一个健康的身体，又或者是坐在校园的长椅上读一本从图书馆借来的小说，抑或是收到朋友的短讯留言“天凉如水，小心着凉，注意加衣”，这些都是幸福。

这里我给大家讲一则故事，那是一个草长莺飞、树木葱茏、鸟语花香的美好日子。头顶上是一片晴蓝天空，斜阳暖暖地照着，高大的商场巍然耸立，过客匆匆。这时，夕阳的余晖中走来一对乞丐，衣衫脏破不堪。但他们的眼神却全然不见半点哀伤的痕迹。男乞丐肩上背着一个袋子，沉甸甸的，大概是乞讨一天的收获。女乞丐背着铺盖卷儿，走在男人的后面。我不由得慨叹他们真不幸，不觉有些怜悯起来。

一到西墙沿下，男人就开始解那沉重的包袱，小心翼翼地。也许是什么宝贝吧，我猜想着。良久，一部单卡收录机和一大堆磁带出现在我的眼前。男人麻利地找了一盒装好，不久乐声袅袅。和着音乐的旋律，男人已半躺下来，头枕破被，轻轻吟唱“那故乡的风，故乡的云，把我轻轻呼唤……”他眼睛半眯着，欣赏缝补衣服的女人，腿随着旋律晃悠着，夕阳映着他的脸，黑里微微泛着红光。乐声中，女人一边吟唱，一边缝补男人的破衣，不时微笑着看自己男人两眼。看热闹的人多起来了，有的议论着，有的点头，有的感叹……我感动了，情不自禁地摄下了这张人生风景。

一个人到了讨饭的地步，其心之苦，其行之微，其言之哀是可以想象的。而这张照片上的夫妇二人，落魄至此，却能淡然处之，以平和淡泊的态度笑对人生的不幸，以百倍的信心和勇气去领略生活中的美好。不管因为什么，很肯定，许多常人眼里的美好都与他们无缘，然而，他们乞讨一天归来，坐在斜阳晚风中，静静欣赏天边云彩，听着反复唱响的乡音恋曲，想着悠悠往事。我想，他们一定是幸福的。

由此看来，幸福是一种感觉。它不依赖慑人的权势，不依赖过人的财富，不依赖超人的才华，依赖的是一颗平常心。我们只要常怀一颗笑对人生冷暖的平常心，就有圆融丰满的喜悦常相伴随。幸福似穿鞋，松紧自明；幸福如喝水，冷暖自知。如果说快乐是生理上的，那么幸福就是精神上的。幸福就是用生活之苦，酿造人生的甜酒。

的确，幸福是一种感觉，一种并不需要太多的感觉，一种平和的心态，一种淡泊的境界，一种感恩的生活态度。

幸福是一种态度，它没有一定的方向，也没有不变的格言，它在自己的感觉里，它在自己的意念中，它在每一个人的心里。如果你感觉生活是美好的，那你就是幸福的，如果你感觉自己是快乐的，那你也是幸福的。不同的生活态度决定着你的快乐和幸福，健康积极的生活态度会给你的生命带来雨露的滋润，而消极悲观的生活态度会让你的生命更加灰暗。

其实，幸福就在我们身边，平静如水，温暖如春。幸福就在我们心里，快乐知足，豁达随缘。幸福原来就是生活改善带来的愉悦，或自我价值实现感到的满足。细细思量，幸福竟可以被诠释出很多含义……

有一种幸福叫平安。在耳闻目睹或亲身经历过一些难以预料的事情之后，我们这才真正明白“平安”的宝贵，才会由衷地感到“活着真好”，懂得“和顺生百福，平安值千金”的至理。对社会而言，平安是最大的和谐；对一个企业而言，平安是最大的稳定；而对个人而言，平安亦是最大的幸福。生命来自偶然，逝去是必然的归宿，能够善待生命、珍爱生命，享有着生的权利和健康的身体将是一件多么幸运的事！所以，能够平安健康地走过人生的一程又一程，直至终老，那将是一种最大的福分！

有一种幸福叫聆听。聆听微风轻拂过湖面，聆听花儿绽放于枝头，聆听细雨滋润着大地，用心去聆听寂静的天籁，去感受自然界赋予的宁静和祥和；聆听琴瑟的悠扬，聆听鸟儿的呢喃，聆听小溪潺潺的流淌，在聆听中寻找到生活的美丽，感悟生命的幸福；聆听圣贤师长的教诲和忠告，聆听父母朋友的叮咛和建议，生命中的很多感悟都是从聆听中获得的，它带给人智慧和力量。懂得耐着性子聆听，并善于从聆听中收获的人无疑是富有的，而身边拥有无数能够聆听的机会则是幸福的！

有一种幸福叫舍得。舍得拿出自己的真诚去面对所有的人，用自己的诚心换来他人的信任和笑脸；舍得用最简单的信任去面对所有的复杂，简单会使我们变得更加单纯，更加纯洁，从而省去了很多的烦心事，获得了内心的知足；舍得展露微笑、释放快乐，送给他人缕缕温暖的阳光，美丽了自己，也装点了这个世界；舍得奉献爱心，满心欢快、不期回报地去耕耘，让他人走进一片幸福的田野，自己也省却了很多烦恼。有一种幸福叫知足。宁静知足、内心淡定是人生之洪福。

面对生活中的诸多不顺意，抱怨和发牢骚都于事无补，与其消极对待，不如包容现实的不完美，留一份宁静给自己，存一点淡泊在心底。“人生百年知何似，应以飞鸿踏雪泥，雪上偶然留指爪，鸿飞哪复计东西。”生命中有许多东西都不值得去追求，只要对现有的生活知足，懂得领略和享受人生的快乐，善于打开快乐的心窗，我们也就找到了幸福的方向。

幸福的根本在心，是人内心的一种感觉，一股韧劲！相信在未来的日子里，我们还会在生活中不知不觉地发现，原来，有一种幸福叫守望，有一种幸福叫理解，有一种幸福叫包容……

青山长在，绿水长流

我们的睿智表现在面对艰难困苦时所拥有的希望和笑容。

绿水何曾愁，青山独悠悠。好一个从容世界。

时至深秋，北方的天气有些寒冷，树叶在泛黄，满地的落叶让人有些伤感和惆怅，也让人感叹时光易逝，人生无常。

山一年年地绿，树一年年地黄，时光在不停地流转与轮回。曾几何时，这里也许就是浩瀚的汪洋大海；曾几何时，这里也许就是充满硝烟的古战场。青山依旧在，只是身边的人在不停地更替，正所谓物是人非。如今世界繁华喧嚣，科技经济高速发展，人却一代代老去。虽然我们想到这里有些伤感，但和无穷无尽的宇宙比，人是何其渺小，仿佛沧海一粟。人本来应该自由自在、无忧无虑，哪来的烦恼呢？青山不老，为雪白头；绿水无忧，因风起皱。然而，雪融而无痕，风吹则无影，只是我们作茧自缚，自寻烦恼罢了。

“路遥遥，水迢迢，功名尽在长安道。今日少年明日老，山，依旧好；人，憔悴了。”在人生的初始，人本是善良的，然而在成长的过程中，我们受世俗的染污，开始忧虑、疑问、警惕，争强好胜、绞尽脑汁、机关算尽，几乎没有满足的一天，追求了一生，劳碌了一生，心高气傲了一生，最后发现自己并没有得到真正的快乐，只能抱憾终生。

追忆美好的光阴，我们曾经辉煌过，我们曾经失意过，无论成功与失败，都是一份难忘的回忆。任何事物都是有始有终，有生有灭。对物质、名利的追求既辛苦又徒劳，既无止境又无保障，从这个角度来看，世间没有什么圆满的事。那么，我们难道要放弃追求吗？不是的，我们要追求人性的圆满，透过自我的修养和努力，去追求那一份圆满的价值，一种完美的人生态度。

要追求完美的人生，我们就要在心中点一盏智慧之灯，使自己的人生更加睿智、自信、豁达和洒脱。我们的睿智表现在面对艰难困苦时所拥有的希望和笑容，相信自己的将来或者明天是美好的，只要努力就会有成功的那一天，只要付出就会有收获。当然，它可能收获在今天，也可能收获在将来，但是，你不努力就不会有一个阳光灿烂的人生。所以，人生需要坚强，需要对事业的坚韧，不要怨恨生活给我们的羁绊，羁绊会让我们不断成长并走向成熟，灾难也不会摧毁我们的智慧，因为它从摧毁中诞生，闪烁着明亮的光辉，永远不会黯淡。

要追求完美的人生，我们就要有自信的性格和素质，这种自信不是孤芳自赏，也不是自鸣得意的高傲，它体现了一种生命的力量。同时还要有开阔的心胸，这需要情感的奔放和胸襟的开阔，热情而不冲动，冷静而不冷漠，在精神上洒脱、脱俗、超越，既有出世者的潇洒，又有入世者的精微，它是成熟后的宽容，是饱经沧桑后的和解。

因此，我们既不要评古论今，也不要满腹愁怨。不妨用一种宽广的胸怀来接纳世界，融入社会，做自己该做的事，不与旁人计较，不去争名夺利，不谈人我是非，远离恩怨情仇，任它红尘滚滚，我自清风朗月。面对繁杂的世俗之事，学会一笑罢了，得意淡然，失意坦然，笑看人生韶华易逝，光阴荏苒。

世间的事物总是那么美好，我们常常对不曾拥有的苦苦追求和向往，面对着拥有的却又常常怀着一份忐忑与不安。人生就是这样，有叶茂花开，有秋菊凋残，但是，光阴终有它无法改变的东西，相信只要我们心中充满希望，便会美好长存，青山长在，绿水长流。

走出烦恼的围城

如果善于从坏中去发现好，从苦中去寻找甜，烦恼便会渐渐转化为快乐。

人海茫茫，红尘滚滚，心灵在有限的疆域内是多么地狭窄和禁锢。熙攘的世界背后是自然、洒脱、自由的缺席。为物所扰，为己所累，是现代人的一大生存困境。只有打开心中的枷锁，才能将自己解放出来。融入自然，心才会在无限的空间里驰骋。令人期待的放松，从心开始。如果有一天，我们能做到剥去心中层层包裹，让呼吸释放于天地万物，人生的乐趣会扩散到一个无限的世界中去……

人的一生总免不了磕磕碰碰，如果遇到不快就非常生气，遇到坎坷和磨难就痛不欲生，那是最不明智的选择，那么，每当这个时候，我们该怎样去处理呢？

虽说人生短暂，但就其过程而言，人生又是漫长的，谁没有烦恼？面对烦恼，暴跳如雷、大发脾气并不合适！老年人动肝火，于健康无助，万一有心脏病或高血压更糟；小伙子易冲动，最容易造成难以弥补的后果；中年人动怒则有失风度，且会引起消化不良；女士发怒则作践了自己精心选购的化妆品，会使其容颜早衰。不管谁生烦恼，都会给这个社会增添不和谐的声音。

人生是一个五彩缤纷的万花筒，就看我们如何去看待。人之所以有烦恼，往往是我们的思维太习惯、太传统、太世俗，看不惯眼前的一切。如果变动一下视野，转换一个角度，也许就完全不一样。普通百姓，虽位卑平庸，但无官一身轻，活得安闲自在。贫穷虽让人忧愁，但无须防人谋财害命，不提心吊胆，也有福在其中，有着“不风流处也风流”的洒脱。如果我们善于从坏中去发现好，从苦中去寻找甜，烦恼使会渐渐转化为快乐。

“烦恼”二字，从结构上看，从心从火，治本之道在于心。所以说“灭却心头火自凉”，只要我们的内心世界一片清凉，就不会有烦恼。人生不如意的事实在太多，不要把一切都设想得太圆满、太美好，欲望尽可能少些、低些、淡些，心胸宽些、广些、随缘些，就会开心快乐地走完自己的一生。

其实，只要是人，都有烦恼的时候。倘若我们是天牛感情丰富的人，烦恼更多。回首看看走过的路，好像烦恼总是多于快乐。是上天真的待我们太薄吗？不是的，其实，还有很多人常把我们当作羡慕的对象。问题是，我们总不知足，认为以我们的条件，可以过得更好，拥有的财富可以更多等等，欲望导致更多的烦恼。俗话说“人比人，气死人”，其实，世界并不欠我们的，他人也不欠我们的。

有人说，人生下来就和烦恼结下了不解之缘，其实也不尽然，关键是看我们对人生的态度。若有一个正确的人生观和世界观，爽直、豁达、坦然，就会远离烦恼。但是，有些烦恼却很难用理智来解释，怎么也摆脱不了。这时的灵丹妙药就是干脆不理它，转移情绪，去做自己喜欢做的事情。

有了烦恼，我们不妨泡杯清茶，坐下来静静心。看杯里的水蒸气携带茶香袅袅上升，轻轻呷一口，暖暖唇，也暖暖心，让茶水冲淡烦恼，也让烦恼随茶香飘向远方。还可以去看看书，让自己沉醉在书中人物的悲欢离合的命运、智者精辟的言谈中，烦恼也就逃之夭夭。或者，兴致来了，以茶水为伴，涂抹一块文字，这也是一番乐趣。

大自然是美好的，如果想走出烦恼，我们可以选择转换生活的环境，让自己在新的环境中放松心情。仰头看天上云卷云舒，聚了散了，散了聚了，飘来飘去，忙忙碌碌。烦恼也和这行云一样，不去理它，它也不过是自来自去；低头思浩空明月，圆了缺了，缺了圆了，诠释着轮回的真谛，人生的聚散别离，此事古难全。到大自然中去，看溪水流淌，听虫鸣鸟叫，观绿树青草相映成趣。万物生灵皆有情，让我们体会生活的浪漫和惬意吧，此时，我们会体悟到，待人处世当以大度为怀，烦恼不知不觉便消失殆尽。

苦恼就像流不尽的苦汁，它的源泉正在我们的心底。要摆脱烦恼，就必须从自己内心深处去根治，学会调整自己的心态，对自己的生活方式和态度作一个适当的调整。

做人何必这么累心呢？想开一点不就海阔天空了？从前有个小和尚，每天清早起床负责打扫寺庙院子里的落叶。这实在是一件苦差事，尤其在秋冬之际，每一次起风时树叶总是扫了又落。这让小和尚头痛不已，但又想不出一个好办法让自己轻松些。后来有个和尚跟他说："你在明天打扫之前先用力摇树，把落叶都摇下来，后天就可以不用扫落叶了。"小和尚觉得这办法不错，于是隔天他起了个大早，使劲猛摇树，他想，这样一来就可以把今天跟明天的落叶一次扫干净了。一整天，小和尚都非常开心。但是到了第二天，小和尚到院子一看，他不禁傻眼了。院子里如往日一样落叶满地。这时老和尚走了过来，对小和尚说："傻孩子，无论你今天怎么用力，明天的落叶还是会飘下来。"小和尚终于明白了，世上有很多事是无法提前的，唯有认真活在当下，才是最真实的人生态度。

的确，人活在世上有许多的快乐和愉悦，也有许多烦恼和无奈。认真地做好每一天的事情吧，无论结果如何，只要努力了，就该好好地睡上一觉。有一首歌唱得好："过度思考，庸人自扰。不必庸人自扰，一切轻于鸿毛，才能消灭烦恼。"

雁渡寒潭不留影，风来疏竹不留声，时常保持空灵的心境，就不会为烦恼所扰。烦恼的人生是痛苦的人生，烦恼会摧残人的身心。我们应勇敢地从烦恼中跨走出来。不要为自己能力无法改变的事情烦恼，走出了欲望也就走出了烦恼。

其实生活中的烦恼无处不在，走出烦恼的方法有很多，但最重要的是心胸开阔。

赶走烦恼并不难，只要我们热爱生命，热爱生活，就能完全摆脱烦恼。走出烦恼的围城吧！走出了烦恼，迎来的就是幸福和微笑。

淡泊看沉浮

生活是一方沃土，你播下什么，你就收获什么。播下一种心态，收获一种思想；播下一种思想，收获一种行动；播下一种行动，收获一种命运。

在丹枫如火的时节，枫叶如醉，丹桂挂金，鸟语花香，生机盎然。此时，天空中不时飘着细雨，让雨水洗过的庭院，空气清爽，令人心旷神怡。一阵风袭过，些许凉意提示着我们——携着沁凉的秋风秋雨，扫过路旁的金色落叶，秋天来了。它是收获的季节，也是让人感怀的季节……

走过是是非非，我们才知道宽容大度。学会宽容，可以使人心胸开朗。当我们被人误解或误解了别人时，宽容会让时间来抚平一切、调和一切。生活中，当我们感觉“山重水复疑无路”时，宽容会给我们“柳暗花明又一村”的惊喜。宽容别人，其实就是宽容我们自己。多一点对别人的宽容，我们生命中就多了一点空间。

生命对于我们来说，只有一次。悲欢离合本就平常，唯有珍惜，可以令生命闪光。若不懂得珍惜，最后就只剩懊悔。懊悔唤不回身边的亲人；懊悔，也同样唤不回已走远的青春和岁月。

往往在收获了那么多祝福后，我们才知道人心换人心。生活是公平的，你付出了多少，它就回馈你多少。当我们感觉不公平时，其实是我们的要求太高了。当我们设身处地为他人着想时，就会感到他人存在的价值。赠人玫瑰，手留余香。祝福他人，才能彰显我们人格的伟大，才能收获更多的微笑和尊重。

走过恩怨情仇，我们才知道坦然和从容。面对缤纷的年华、多彩的人生，我们往往会被无情的琐事束缚。面对滚滚的红尘，我们也许会慨叹人生的聚散离合，慨叹人心如疾风。我们为了名利、为了生计而奔波，纠缠在爱恨情仇的旋涡里，也许已有了几许的疲惫与痛苦，也许有了几许的无奈与感伤。然而世间的万物并非均为我们所拥有，世间的快乐也并非为我们而专享。因而我们应坦然面对失去，面对人生。成功时，自信地一笑鼓舞自己要戒骄戒躁继续努力；失败时，不妨用豁达的一笑显示出自己面对挫折时的坦然与从容。

走过枯燥和烦恼，才知道冷眼旁观。世上本无事，庸人自扰之。生活在这个繁杂的社会，每天做着几乎雷同、琐碎、枯燥的工作，有许多看不惯的人，有许多想不通的事，有许多困惑和烦恼。当我们经历后，当我们跳出局外，不再执着时，就会发现，所谓的烦恼根本不值一提。烦恼天天有，不拣自然无。生活中是不会花香常在的，但只要有一颗乐观坚强的心，本着“笑对人生”的原则来走人生之路，就会超然物外，洒脱自由。

走过名利得失，我们才懂得收获的珍贵。生活是一方沃土，你播下什么，你就收获什么。播下一种心态，收获一种思想；播下一种思想，收获一种行动；播下一种行动，收获一种命运。在平淡之中，收获宁静与平和；在动荡之时，收获焦躁与不安；在生命的潮起潮落之中，收获激情与孤寂；在平淡无奇的人生轨迹里，收获跌宕起伏的心旌荡漾；在变化无常的人世中，收获悲喜交加的不期而遇。

面对成功，我们要学会平和；面对失败，要学会淡然处之。收获让我们懂得生活，收获让我们明白人生的真谛，收获让我们感受到生命是如此的丰富多彩。

微笑吧，朋友们

快乐的人之所以快乐，就是因为他们总是用乐观的心态面对人生的风雨历程。

世界上最美妙的声音就是笑声，它比任何音乐或娓娓的情话都美妙。谁能使他的朋友、同事、顾客、亲人们发出笑声，那么他就是在演奏无与伦比的乐曲。一句幽默的话，一个滑稽的表情，一个让人啼笑皆非的动作，总是在不经意间给自己也给他人带来快乐。因而，人不一定非要拥有万贯家财，家中也不一定非要天天高朋满座，但我们却需要知道如何让自己和身边的人常常开心的生活艺术，让心灵时时浸润在真善美的境界里，使自己的人生更加异彩纷呈。

从前有一个单身汉娶了一个妻子。他要带妻子去外地度蜜月。两个人来到车站，这个单身汉因为习惯了一个人出门，所以在买票时只买了一张票。妻子拍了一下他的肩膀说："你怎么只买一张票啊？"单身汉一听心头一震，忙随机应变："你看我，竟把自己给忘了！"妻子听后，忍不住扑哧一声笑了，这个不小心造成的不愉快就在这笑声里化解了。

当我们在处理自己的大小失误时，如果能笑谈自己的失误，并与他人同笑，那么你不仅会给别人带来愉快和轻松，同时也解决了自己因失误引起的麻烦。

一位绅士正在餐馆里进餐，忽然发现菜汤里有一只苍蝇。他扬手招来侍者，冷冷地讽刺道："请问，这东西在我的汤里干吗？"侍者弯下腰，仔细看了半天，回答道："先生，它是在仰泳！"餐馆里的顾客被逗得捧腹大笑。在这种情况下，无论侍者如何解释、道歉，都只能受到尖锐的批评，甚至会引起顾客的愤怒。但是，机智的侍者用充满智慧的言语让客人忍俊不禁，这一笑帮了他的忙，把他从困境中解救出来，使气氛得以缓和，客人也因此不再生气。

生活对所有的人都一视同仁，快乐的人之所以快乐，就是因为他们总是用乐观的心态面对人生的风雨历程。

地震发生时，一个农夫睡在自己的床上，眼睁睁地看着自己家的房顶突然没有了，这时候大雨倾盆，他的家人慌乱成一团，他对他的家人说："别着急，没有房顶的坏处就是被雨淋湿了，但好处是太阳可以直接晒干我们的东西。"家人听后也都笑起来，不再那么惊慌了。这个农民没有文化，但他在生死关头处乱不惊，用幽默诙谐的话语表现了笑对人生的从容。

在我们遇到不顺心的事或不好对付的人时，不妨笑一笑，或来点幽默，淡泊名利，不要把困难看得太严重，不要自寻烦恼、自我折磨，生活将因此变得多姿多彩、情趣盎然。

有一家住户的水管漏水，院子里已经流满了水。修理工答应马上就来，结果等了大半天才见到他的身影。他懒洋洋地问住户："太太，现在情况如何啦？"

主人说："还好，在等你的时候，孩子已学会游泳了。"旁边的人听了都笑了。这位女主人的说法虽然过于夸张，但她在大家的笑声里也淡化了对修理工的不满情绪。

每当我们因心中喜悦而开怀大笑之后，常常会感到精神振奋，对自己、对周围的一切都充满了信心。所以微笑吧，朋友们，因为一个微笑可以把黑暗照亮。人生就是一个过程，不必太在意结果如何，留心旅途中的每一处风景，每一汪清泉、每一片湖泊、每一株小草、每一朵鲜花都是生命的神韵。

微笑着去对待每一天，用微笑去对待世界，对待人生，对待朋友，对待困难。那么，每天都会有一个好心情，每一天的生活里都会洋溢着幸福。

每一个人的心中都有属于自己的"一帘幽梦"，它可能不是指爱情，而是一种希望。因为我们每一个人都正在用暖色调的色彩，在自己的成绩单上一笔一笔地画着美好的梦想与希望。

当斜阳拥着绿树，当颜色涂抹斑斓，也许我们应该用梦想串成现实，对着天空微笑。

守候一片安详的天空

成功是一个日积月累的过程，我们需要工作和生活的激情、热情，更需要一颗泰然处之的心。

世事多变幻，一春一秋，一月一日，一分一秒。生命在时光中流逝，可谓物是人非。我们经过一次次对人生风尘的感悟，变得更加深刻，内心更加充实。我们相信，终有一天，沧海过后是桑田，汹涌波涛终归平静。

生活中会有一些痛苦，但它同时也充满了奇迹，比如蓝天、阳光、婴儿无忧无虑的脸和孩子天真无邪的眼神。痛苦不是全部，我们必须去认识和体验生命中的奇迹，它们就在我们心中，我们周围的每一个角落、每一分钟。我们之所以痛苦，有时候并不是因为事物无常，而是因为我们错以为事物永恒，不能走出自我，以一颗青涩的心生活在浮躁之中。

走过孤独与怅惘的岁月，我们才发现只有坦然与真诚，才能让灵魂坚强。我们要学会与宽容结伴，以一种宁静的心境，从容地看天空云卷云舒，睹地上花开花落，观世间人聚人散。经历了风风雨雨，走过了坎坷之后，我们为人处世便有了万事随缘的感悟，身上那份张狂少了，那份浮躁淡了，言谈变得文雅有序，举止也从容不迫。

而如今，信息时代的潮流涌动，物质诱惑无处不在。如何能做到泰然处之是一门学问，更需要一种智慧。做任何事情不能心浮气躁、急于求成，要保持一种内敛、平和的心态。

成功是一个日积月累的过程，我们需要工作和生活的激情、热情，更需要一颗泰然处之的心。在不断追求理想的过程中，我们付出了最大的努力，结果可能事与愿违，可能理想与现实之间会有差距，付出了，结果就不必看得那么重要，重要的是不断总结、思考、分析和领悟。不能因一时得意而忘乎所以，也不能因一时之失而沮丧万分。保持一份安详心态，成功就在前方。

面对生活的琐碎和纷杂的世事，我们要学会一笑置之。用一种宽容和体谅的心态与之相处，生活便少了纷争，少了彼此的恩怨情仇，增进了彼此的友谊，我们还会感到身心自在，舒适怡然。

生活中，一个人为维持生存和健康所需要的物质很有限，吃多了过犹不及，睡下了不过五尺之躯。我们无意抵制红尘中的荣华富贵，在众生喧哗的年代里，每个人有选择自己生活方式的自由。但热闹总归是一种外在的活动，倘若不以精神价值为目标，不管表面多么轰轰烈烈，本质上也是贫乏和空虚的。面对变化万千、五光十色的世俗社会，唯有保持心平气和、安之若素的平常心态，才能享受这一片安详的天空。

花自从容开

少些怨言，多想想给世界留下了什么，不必拥有很多财富，微笑和快乐就是给人间最好的礼物。

人海如潮，过客匆匆，经历风雨沧桑，生命中留下许多无法抹去的感动；花开花谢，春秋循环，走过坎坷炎凉，我们依然坚信生命的美丽，因为心灵的深处永远闪耀着希望之光。

生活是一望无际的大海，我们是大海上的一叶叶小舟，大海没有平静的时候，我们的生活也总是有欢乐和忧愁。即使忧愁如一碗苦涩的汤药，即使欢乐如一杯香醇的美酒，把它们倾注在大海里，都太淡了，一如过往的烟云，所以，不要让那些不开心的事情常驻在心头。在风平浪静的时候，也要永不放弃心中的希望，永远保持那份对生活的热爱。

因为深知世事之艰难，明白人间正道是沧桑，所以我们才更要学会用从容去走这一生，从容地去面对一切未知的风雨，从容地去迎接阳光和彩虹。无论经历怎样的潮起潮落、花开花谢，心中依然对未来充满希望，依然满怀对生活的热爱。因为只有保持对生活的热爱，才会以积极而乐观的心态去面对生活所给予的一切；因为热爱生活，才不会虚度光阴，才会真正珍惜自己眼前所拥有的一切，才会努力让自己的人生过得充实而有意义；因为热爱生活，我们才会用真心去对待身边的所有人，用理解和宽容给他人送去温暖，送去开心，并同时让自己拥有快乐的人生。

伟大的音乐家贝多芬，正值壮年却被老天爷开了个玩笑——他的生活中完全没有了声音，不仅是美好的自然界的鸟啼虫鸣、萧萧疏雨、轰轰雷鸣，最令人难以接受的是，他视为生命的音乐，那优美的钢琴声，他再也听不到了，这该是怎样巨大的痛苦啊。而这生理上的残疾也给他带来了精神上的自卑和孤独。他曾经傲然挺立，踌躇满志，最后却只能以离群索居来掩饰自己的惶恐和脆弱，而他的内心却是那样真诚地爱着周遭的一切——朋友、亲人，以及所有和自己一样处于苦难中的人们。

世间给了他痛苦，他却还世间以快乐。贝多芬满怀着对生命的热爱，倾注了全部的热情谱写了不朽的音乐篇章，而同时也谱写了他自己最辉煌的生命篇章。也许正是经历了太多人生的风风雨雨，在岁月的沧桑里，他才真正把生命认识得更清晰，虽然饱受磨难，却没有对社会、对世事的怨言与不满。也许正是失去得太多，才真正明白了珍惜一切；也许正是经历太多，我们才发现，只有用爱心走过的岁月才会无悔亦无憾，才会成就自己最有意义、最有价值、也最精彩的人生。在广阔的天地间，人是多么渺小，个人的成败得失也同样是微小得不值一提。在生活中，我们每个人都会遇到或大或小的挫折，还是坚强些好，缩小自己的痛苦，放大快乐，虽然抱怨能减轻自身的痛苦，但终究不如遗忘的好，为了对得起每一天的阳光，对得起关爱自己的每一个人，我们应该少想给自己留下什么，少些怨言，多想想给世界留下了什么，不必拥有很多财富，微笑和快乐就是给人间最好的礼物。

时光悠悠，百年岁月，回首时也只是弹指间。欢笑和泪水总是交织在一起。当我们行走在布满荆棘的道路上时，只能咬紧牙关，去挺过所有的困苦，可是当一切都成为过去时，我们会发现风雨也不是风雨，原来所有的经历都只是为了让我们去寻找内心的坚强和勇敢，慈悲和善良。

所以，无论生活给予我们了什么，我们都感谢命运。在夕照里掬一捧纯粹的金色，镀亮心情，怀着感恩的心从容而乐观地迎送每一天吧！

报告春天，生命无悔

生命不相信命运，更不相信眼泪。能为春天增加一点点绿色，我们就已经尽到了生命的责任。

岁月如歌，岁月亦如花，在花中寻找那抹色彩，那色彩是希望，是盼望，是期待……

阳光明媚，万里晴空。阵阵南风袭来，我们感到些许暖意，闻到了从春天的气息里流溢出来的花香。春天的绿叶妩媚动人，春花在我们的注视下次第开放，河水无声地流淌，流淌在静谧的清晨。转瞬间严冬将逝，春天已悄悄走近人间，带来了新的梦想，带来了新的希望，带来了幸福和快乐。

春天是美好的季节，是充满诗情的季节，是一个富有生命力的季节，也是一个美丽、神奇，充满希望的季节。春天，又意味着一个生机勃勃的开始。

春天，大自然在万物萧条的冬的尽头，将千姿百态的生命孕育而出，让它们踏着那最为柔媚的第一缕春光，把无限的生机带给人世。无论是破土而出的，还是含苞待放的，无论是慢慢舒展的，还是缓缓流淌的，也无论是悄无声息的，还是莺莺絮语的，只要季节老人把春的帷幕拉开，它们就会用自己独特的方式，在这里展现出神奇的活力。

你看，每一种生命都有自己特定的形态，都包含着特定的生命信息。无论是高大的，还是弱小的，都经历着有生也有死的历程，也都有稚气和成熟的时节；无论是引人注目的，还是平淡无奇的，都要沿着那特定的时令轨迹，在自己特定的生存空间里，完成一段生命的壮举；也无论是否有名有分，无论是生在富饶的家园，还是长在贫瘠的沙土中，所有在春天萌生的万物，都用自己独特的方式，用尽全部的热情，谱出一曲生命的颂歌。

人从呱呱坠地起，上苍便赋予了他应有的历史使命，然而，人生短暂，稍纵即逝，生命对于我们每个人也只有一次。虽说我们清清白白而来，还将清清白白去，带不走人世间半点尘埃，但我们不能去挥霍生命，更不能行尸走肉地虚度人生。如果你挥霍、虚度人生，就违背了上苍赋予我们的人生使命，我们的生命就会一文不值。人生是一场精彩的戏，靠各自的智慧才能展示精湛的艺术。虽说生命的角色我们有时无法自由选择，但只要各自在人生路上尽心竭力，生命的价值就会得到实现。

人生之路，跟大自然一样，有坎坷，有弯曲，不会是两点一线的平坦，都要历经生老病死、爱恨情仇、悲欢离合的过程，都要在幸福与痛苦、爱与不爱、微笑与忧伤中穿行，这是谁也无法逃避的命运，因此，我们要学会坚强，要像凌雪而开的寒梅。看那雪中的寒梅，粉红的脸蛋儿藏在枯枝之间，露出迷人的笑靥，看来它并不孤独。没有群鸟为伴，更无蜂蝶护拥，眉宇间仍写满坚贞，哪怕风再大，雪再厚，梅花始终笑意盈盈。看似柔弱的外表下面，却深藏着一颗压不倒、折不断、打不败的心。梅花能够不畏严寒，临雪怒放，正因为它有一个坚定的信念，一个璀璨的梦想，它用顽强与坚毅演绎生命，把幽幽的暗香洒遍人间，也把无尽的希望带给了人间。生命的春天，永远属于那些珍惜和热爱生命，用生命去美化生命的勇士。生命不相信命运，更不相信眼泪。无论你身在何方，身处何境，请扬起生命的风帆，在波澜壮阔的人生航程里，去书写属于你自己，也属于这个时代的生命的诗篇，让一个大写的生命完成一次辉煌壮丽的生命之旅。去享受生命的快乐，去品味生命的真谛，去创造生命的闪光。这样才不愧对这神圣的生命所给予我们的一切。

花开花落，远去的时光带走了我们的生命与梦想；冬去春来，流逝的岁月带来了我们的希望与思索。人生总是在不断追逐、不断充实之中。面对逝去的岁月，我们能做的不多，除了把握分秒。在流逝的时光中，我们总是不断反省积累，探索着生命的潜力，生命其实是朵精纯的花，只需要拿出劲儿来活就是了。我们完全可以怀揣一份不灭的希望，让自己的世界春暖花开，四季不败。

在生命的探索中，我们不但要学会思索，更重要的是要学会生命的创造，有了生命的创造，在春天播下希望的种子，就能把我们生命的希望变成现实。也许我们生命的梦想是春天般的生机，能为春天增加一点点绿色，我们就已经尽到了生命的责任。报告春天，生命无悔；报告春天，生命不朽。

学会随缘

学会为自己喝彩，也要学会为别人喝彩，因为有了朋友，我们的生命才不会枯萎。

人生旅途中，我们走过沧桑，经历过感动。不妨学会享受人生，学会快乐生活。学会为自己喝彩，也要学会为别人喝彩，因为有了朋友，我们的生命才不会枯萎。

走在茫茫天地间，只要你不拒绝缘分，缘分便时时刻刻为你带来生活的快乐；只要你不放弃随缘，缘分就会时时刻刻为你的生活增加浪漫和色彩。

春有百花秋有月，夏有凉风冬有雪，若无闲事挂心头，便是人间好时节。我们相逢在这茫茫的人海中，我们走在这个共同的世界里，这个世界万紫千红，这个世界因为有你而变得格外精彩。如果我们学会生活，从容地面对生活，我们的世界就会美丽许多。岁月如流，一切随缘，朋友们请记住，随缘是福！

让我们为宽容代言

尊重别人就是尊重自己，宽容别人，才会给自己带来广阔的天空。

德从宽处积，福向俭中求。宽容别人，也是解放自己。我们生活在这个纷扰的尘世里，交往是必然的，摩擦是难免的，会遭遇同伴的批评，会碰到朋友的误解……过多的辩解和“反击”实不足取，不妨多些理解，多些理智，多些耐心，多些思考，多些冷静，多一些对对方的体谅，多一些对自己的反思，避免感情冲动，也就避免了不必要的伤害。只要抱着以德报怨的宽容态度，就能使这个世界少一份仇恨，多一份祥和。

宽容是一种博大的胸怀，是一种崇高的美德。“世界上最广阔的是海洋，比海洋更广阔的是天空，比天空更广阔的是人的胸怀。”对不同的观点、行为要予以理解和尊重，即使自己有理，也不能咄咄逼人，得理不让，把自己的观点和行为强加给别人。尊重别人就是尊重自己，宽容别人，才会给自己带来广阔的天空。

人生无常，世事如棋。要做到宽容并不容易，要有宽阔的胸襟，要有看淡一切的洞察力。当我们的真诚被视作幼稚，我们的勇敢被视作鲁莽，我们的灵活被视作滑头，我们的让步被视作软弱，我们的慎重被视作保守，我们的赞美被视作讽刺……悲伤和眼泪不能改变别人的看法，伤心的还是我们自己。喋喋不休地为自己辩解吗？那只能成为人们茶余饭后的笑料。没有原则地按着别人的看法来改变自己？那更会使自己失去自信、失去自我。

除了宽容别人，我们还要宽容自己。当我们遇到困难和挫折的时候，要保持良好的心态，要有战胜困难的信心和勇气。跌倒了，不能只顾趴在地上懊悔，那样做没有任何意义。应该站起来擦亮眼睛继续前进，前途广阔无垠，前方阳光明媚，头顶是一片蔚蓝的天空。别人不理解其实并不可怕，可怕的是我们对自己失去了信心。

宽容是一种修养，是一种境界，是一种美德。它需要有博大的心胸。“大肚能容，容天容地，于己何所不容；开口便笑，笑古笑今，凡事付之一笑。”我们要学弥勒佛的心胸。有了宽容的胸怀，才能容天容地容江海，才有来自心底的真挚笑容。大千世界，日月轮回，时过境迁，人心思变。所以，我们应该多对自己进行责备，责自己无知，责自己狭隘，责自己少见多怪，责自己眼光短浅；而对他人，要多欣赏，多赞美，多看别人的长处，多看他人身上的优点，发现不了，怨不得任何人，只能说明自己眼拙，缺乏应有的慧眼和洞察力。宽容就是让我们学会忘却。忘记昨日的恩怨是非，忘却昨日的爱恨情仇，忘记别人先前对自己的指责和谩骂，用时间来化解我们内心的积怨和痛苦。学会忘却，生活才会有阳光，才会有快乐。

宽容就是指不要计较过去的对错是非。成败得失如同云烟过眼。每个人都会犯错误，如果执着于过去的错误，就会形成思想包袱，如果揪住别人的错误不放，那是拿别人的错误来惩罚自己。不信任、耿耿于怀、放不开，最后限制了自己的思维，也限制了自己的发展。

闲庭信步，笑看花开花落，宠辱不惊，淡观云卷云舒。宽容是人类灵魂里最美丽的风景，愿我们都学会宽容，让自己的人生无憾，让自己的人生更加坦荡、更加从容。

一路微笑

只有在磨炼中不懈追求的人，才会获得成功的欢乐；只有历经艰险的生活的人，才会体验到生活的美好；只有爬到山顶的人，才会感觉到“一览众山小”的情怀。

我们生活在这奇妙的空间，宇宙万物无时无刻不在影响着我们、激励着我们，然而，由于生活的忙碌，我们未曾感受到自然的神奇魅力。如果你有时间，不妨走出去看一看，你的眼前会突然一亮，原来世界万物是那样的美妙；如果你有心情，不妨去品味一下，原来春花秋月中蕴含了那么多的人生哲理；如果你有兴趣，不妨去聆听一下，原来，自然中的万籁之音是那样的和谐；如果你有雅致，不妨用心去触摸，原来，大自然的一切都在净化我们的心灵。

你看那虬盘于绝壁之上的古松，虽已老态龙钟，但依然精神矍铄，呈现出一种信心满怀、永不屈服的精神；你看那高山飞瀑，飞流直下，一泻千里，如万马奔腾，气势磅礴；你看那广袤的草原，绿草如茵，雄鹰展翅，牛羊成群，牧歌缭绕，到处洋溢着生命的活力；你看那海天苍茫，惊涛骇浪，百舸争流，尽显英雄本色；你看那茫茫戈壁，黄沙万里，清脆的驼铃传递着古老的文明；你看那夕阳斜照，渔舟唱晚，满江都流淌着幸福；你看那晴空万里，浮云飘荡，如此悠闲。即使在夜晚，那“星垂平野阔，月涌大江流”的景象也会带给你一种宽广的胸怀，那“江流有声，断岸千尺，山高月小”的月夜江山也会让你顿感日月江山的瞬息万变，那“明月松间照，清泉石上流”的恬静会让你融入清幽明净的境界之中。

我们走进自然，那灿烂的阳光会照亮我们前进的旅程，那清澈的山泉会洗去我们心灵的污垢，那甘甜的雨露会滋润我们的生活，那绚丽的云霞会为我们编织梦想，那天籁的神韵也会为我们美好的未来祈祷！

春去秋来，花开花谢，茫茫尘世中的你我虽渺渺如天上一朵白云，却一样拥有自己崭新的个性和独特的自我，生命本身就是一种美丽。

人生的道路并非一帆风顺，要经历成功与失败，欢乐与痛苦。然而，我们应该坚信这样一句名言：困难是强者的进步之阶，弱者的不测之渊。只有在磨炼中不懈追求的人，才会获得成功的欢乐；只有历经艰险的生活的人，才会体验到生活的美好；只有爬到山顶的人，才会感觉到“一览众山小”的情怀。人生的痛苦与欢乐无非都是我们成长过程中的某个环节，由我们亲身去领略和体验。有些人在挫折面前总保持乐观向上，用坚强的心去面对，因而一世逍遥。而有的人在面对困难和失败时选择了逃避。难道逃避能够解决问题吗？不，不能。逃避的结果只能让你变成一个弱者，不敢面对困难的懦夫，从而落得一生唯唯诺诺、困顿不堪，丧失了自我。只有坦然面对，勇敢面对，才能微笑着走这一回人生。如果我们总是学别人的活法，最后将一无所有。我们应该大胆地做自己，用有限的时间去做无限的事情，让有限的生命焕发出无限的光彩。我们有奋斗的权利，还有通过奋斗实现自己人生价值的机会。只有这样才能充实自己，展示自己，完善自己。

生命赋予我们美丽，我们应展示青春的自我。如果我们能挥洒热情，谱写生命之歌。让我们用心聆听大籁圣洁的歌声，永葆一个净透的灵魂，始终微笑着善待生命，享受生命，珍惜生命，在岁月的风霜雪雨中轻松安然地走完一世的红尘。

微笑着，去唱生活的歌谣。不要抱怨生活给予了太多的磨难，不必抱怨生命中有太多的曲折。大海如果失去了巨浪的翻滚，就会失去雄浑；沙漠如果失去了飞沙的狂舞，就会失去壮观；人生如果仅去求得两点一线的一帆风顺，生命也就失去了存在的魅力。

微笑着，去唱生活的歌谣。把每一次的失败都归结为一次尝试，不必去自卑；把每一次的成功都想象成一种幸运，不必去自傲。就这样，我们可以微笑着奏出从容的乐曲，去面对挫折，去接受幸福，去品味孤独，去战胜忧伤。

微笑着，去唱生活的歌谣。去把“人”字写直写大，活出一种尊严，活出一种力量，不向金钱献媚，不向权势卑躬。清贫，是一首朴素的歌；平凡，是一行隽永的诗。微笑着，我们去唱去吟，在平静中看红尘飞舞，在孤寂中品世事沉浮。

微笑着，去唱生活的歌谣，把尘封的心胸敞开，让狭隘自私淡去；把自由的心灵放飞，让豁达宽容回归。这样，一个豁然开朗的世界就会在你我的眼前打开：蓝天，白云，小桥，流水……潇洒快活地一路过去，鲜花的芳香就会在你的身旁萦绕，华丽的彩蝶就会在你身边曼妙地起舞。

微笑着，去唱生活的歌谣。眼泪，要为别人的悲伤而流；仁慈，要为善良的心灵而发；同情，给予不幸的朋友；关怀，温暖鳏寡孤独的凄凉。微笑着的我们，要用微笑的力量，去关照周围，去感化周围，去影响周围，去庄严这一方国土，直到每一个人的脸上都挂起一片不落的灿烂笑容。

终归是过往

不必留恋，不必感伤，只有逝去才会重生。

又一轮的冷空气到来了，虽然是新年伊始，但寒气却并未消散，反而愈加浓重了些。近几日，我总会时不时发一阵子呆，望着院子里光秃秃的椿树，还有那从南方迁移过来的半死半活的竹子，不由得静静思考着。

我们每个人的人生都好像一个秋天的故事。秋风会用臂膀挽起片片生灵，然后将它们送回归处。然而你细细观察，每一片叶子都有它与众不同的脉络，深藏着各自记忆深处的故事，每一片都有它撩人心弦的地方。可是不管多么珍贵的故事，最终都会因时间流逝而慢慢老去，记忆也会慢慢变得不再清晰。走在茫茫红尘中，过往匆匆，无论是好的坏的、美的丑的、善的恶的、黑的白的，都将埋没在无情的时光中，定格在那一刻。不用去想过去到底谁对谁错，当时间将记忆的花朵绽放，你只需去欣赏，远远地、静静地欣赏。

抬头仰望，天空依旧蔚蓝，鸟儿依旧飞翔，夕阳不是悲伤，落叶没有彷徨，苍凉还它苍凉，过往就是过往，不必挂在心上。不必留恋，不必感伤，只有逝去才会重生，就让时间履行它的职责，擦干你的泪水，风干你的苦痛，然后继续步履坚强地生活吧！

人生如舟心如水

心境固然与外界有关，却不该被其左右。能够从容平和、知足达观地活着，就是人生的一种成功和境界。

在生命的旅途中，人生就像是一叶扁舟，经风雨，走波涛，但是，真正能载动这叶小舟的是心。心如水，心能载舟，亦能覆舟，我们应该让自己的心海载起自己的那叶小舟，载着梦想、载着坚强、载着善良驶向前方，不要去载那些人世间无明的愁、无聊的恨、无谓的欲。如果是载这些人间的烦烦恼恼、恩恩怨怨，我们的心就会超负荷；如果载的是坚强，是梦想，是善良，那么，虽然同样会遭遇大大小小的风浪，我们的这叶小舟能够穿越种种风雨，始终驶向前方。风平浪静时，我们看到的是大海无边的宽广，感受着静谧与祥和；大浪汹涌时，我们欣赏着波涛万顷的壮观，锻炼的是勇敢无畏的坚强。

唐朝诗人贾岛写了一首著名的诗："十年磨一剑，霜刃未曾试。今日把示君，谁有不平事?”我们不妨坦坦荡荡地问问自己，心头还有什么不平。真正的剑是智慧剑，铲除心头的烽火狼烟。

我们总是苦苦追问苦闷的原因，我们曾经给失败找过许多理由，我们曾经非常在意别人的评价，我们也在努力回避一个真相：自己悲观的心态才是一切不幸的根本原因。让人悲观、痛苦的不是那些外在的磨难或伤害，是我们自己的无知和狭隘。人生中所有的艰辛困苦，所有的不平和委屈不是让我们对生活失望，不是让我们感受悲伤，而是用来磨砺我们的智慧剑。任何地点、任何时候都该保持那份心灵的简约，爱与恨、喜与悲，都把握在自己能够包容的限度中，那么，我们的内心世界里就会充满清凉。

人生自有沉浮，每个人都应该学会忍受生活中属于自己的那份悲伤，把烦恼当成生命里的营养，滋养我们的智慧、我们的慈悲。要学会一种坦然，坦然接受命运给我们的一切，生命给我什么，我就享受什么：给我离别，我就去感悟人生的无常，学会用超脱去化解悲伤；给我坎坷，我就去品味人生的艰辛，学会坚强地去经历岁月的沧桑；给我失败，我就去体会人生的无奈，学会用微笑去面对挫折；给我成功，我就去感受生活的甜美，去分享人生的幸福。

生活是一种豁达心胸的体现，是一种乐观心态的流露。就算再痛苦，也要笑一笑，当你抓着埋怨、仇恨、愤怒等情绪不放手时，折磨的是自己。如果很长时间都没有感受到愉悦了，那问题恐怕出在我们自己身上。心境固然与外界有关，却不该被其左右。能够从容平和、知足达观地活着，就是人生的一种成功和境界。

生活有时就像时钟，我们毫无选择，必须滴滴答答、一分一秒地走下去，而人生的道路又正好是一个完整的圆圈，最后的终点恰好是最初的起点。我们应该为每一个新的一天的到来感到庆幸，并尽力去珍惜，努力学会发现生活中点点滴滴的美好，并小心珍藏。不必去指责生活的乏味，不必去挑剔生活的枯燥，不必去回避生活的烦恼，应该检查的是自己的愚昧与无知、狭隘和偏激。散去岁月的尘埃，我们应该庆幸自己坚守了那份对生命的真情，用满满的爱心闲看云聚云散。

不去天涯

人生没有任何哭泣的理由，别让自己的心流浪到天涯，天底下没有什么事情值得我们把生命中的快乐丢弃。

日月来去如梭，光阴荏苒，转眼白头。百年岁月，看似漫长，其实转瞬即逝，时光匆匆，生命宝贵，过多的烦恼无疑是让生命白白地消耗。我们不妨给自己一份信心，用豁然大度的心胸让生命中多一些快乐。

光阴如水般流逝，平凡的我们更多是在油盐酱醋茶中消磨岁月，可是看似平淡的生活又总是有种种的烦恼与我们纠缠不休，生活的压力，学习的辛苦，工作的劳累，人际交往的复杂，原本平凡得像一棵小草的我们一不小心就把生活过成了一团乱麻。

我们总是像墙头的草一样没有自己的主张，心情随着环境忽好忽坏，听到别人一句赞美的话就笑容灿烂、心花怒放，听了半句不入耳的话就连续多日默默无语、郁郁寡欢；抢购到打折商品高兴得到处炫耀；被别人占了便宜，便絮絮叨叨、喋喋不休……

但是，静下心来仔细思量，我们受些辛苦能如何，受点委屈又能如何，好话坏话又何必太在意，得与失又何苦思量到半夜，如果一点小事就烦恼不休，一点不如意就苦恼不已，那么自己的快乐最后岂不是让别人来做主？

冬去春来，四季轮回，喜看新春花开，笑看暮秋叶落，悲与喜坦然地面对，苦与乐欣然地接受，站稳自己的脚跟，人生没有任何哭泣的理由，更没有任何仇恨的借口。别让自己被烦恼牵着鼻子往前走，别让自己的心流浪到天涯，天底下没有什么事情值得我们把生命中的快乐丢弃。

人间何处是楚汉

淡化那些得失，淡化那些恩仇，淡化那些爱恨，人们心中就没有了那道“楚河汉界”。

人这一生，要想活得轻松，活得洒脱，你就该“记住该记住的，忘记该忘记的”。唯有这样，你才会活出一个富有个性的全新的自我。楚汉争霸的恩怨情仇还在流传，然而如今还有谁去区分哪里是楚，哪里是汉？

楚河汉界，常指中国象棋中对弈双方的分界线，是以下棋比喻历史上的楚汉相争。历史记载，按照楚怀王“先入定关中者王之”之约，刘邦先一步进入关中，欲称王于关中。可项羽自认功高，自恃强大，遂自行分封天下，并拒绝把先入关的刘邦封为关中王，将其改封到汉中为王，最后引发战争。当时项羽 27 岁，刘邦 48 岁，项羽是一个义气英雄，在鸿门宴上不听人劝，放过刘邦，结果却被刘邦逼得自刎于乌江。这么一段刻骨铭心的历史，在两千多年后的今天，早已一轮明月照天下，分不清哪里是楚，哪里是汉。

月满则亏，水满则溢，看得太清，便会发现一些瑕疵，得到中总会失去些什么，这是世之常理。在生活中，分得太清，便会失去很多朋友；看得太清，可能失去一些机遇。面对失去的，我们应该平静如水，面对得到的，也应该保持一颗平常心。人生在世，哪有那么多清清楚楚，明明白白？过去的再清楚已然成为历史，未来的再明白，也不能确定，不如丢掉烦恼的垃圾，培养清净的智慧。该忘记的就忘记吧！淡化那些得失，淡化那些恩仇，淡化那些爱恨，人们心中就没有了那道“楚河汉界”。

做个豁达人

豁达是一种谦虚，是一种天不言自高、地不言自厚的大智若愚，豁达的人拥有的快乐才是人生真正的快乐。

每个人的一生都注定要跨过沟沟坎坎，品尝苦涩与无奈，经历挫折与失意，所以不要幻想生活总是圆圆满满，也不必幻想在生活的四季享受永恒的春天。豁达的人只一个春天就足够享受了，因为他拥有一颗比天空更宽阔的心灵，就让我们做一个豁达超人，享受人生的每一处的融融春意吧。

一个有魅力、有能力的人不一定被大家所喜爱，但是豁达的人到哪里都受欢迎。因为与思想独立、豁达开朗的人交往，你会有一种舒服而自然的感觉，你会被他所感染，从而也希望能做一个豁达的人。

自信与豁达会使人到达美妙的人生境界而不卷入世俗的旋涡。豁达是一种人生态度，更是一种待人处事的思维方式。豁达就相当于承认事实，这是一种重要的思维方式，不会让那些有悖于心愿的事在情绪的波纹中扩大它的阴影；这是一种伟大的心理力量，我们所需要的正是这种力量。

豁达是一种谦虚，是一种天不言自高、地不言自厚的大智若愚，豁达的人永远潇洒、坦荡、开朗、不卑不亢，豁达的人拥有的快乐才是人生真正的快乐。如果你也想做一个豁达超人，就请自信、乐观、宽容、热情、光明磊落地对待生活吧。

又看夕阳红

不要忽略离我们最近的幸福，不要漠视与我们最近的亲人，心灵的轻快、精神的自由，都是人生无可置换的财富。

纷纷东西长安道，来来往往古今人，不见了当年的秦皇汉武、唐宗宋祖，只有一轮明月依旧从容地在浩荡的天空流转。五千年的历史长河，重复了多少刻骨的情仇，天涯明月，大江东流，曾经的金戈铁马、秦淮繁华，不过是传说中的笑谈；曾经的运筹帷幄，烟火战场，都化为梦中镜花。

年年岁岁，如梦匆匆，多少少年回首已是白发暮年，无须慨叹世事不公，也不要忽略离我们最近的幸福，不要漠视与我们最近的亲人，心灵的轻快、精神的自由，都是人生无可置换的财富。

切勿放大离我们过远的奢望，幻想只会膨胀我们的欲望，让我们迷失人生的方向。我们总以为风景都在高处，于是不顾一切地向上爬。因为太多的仰望，我们忽略、漠视了身边的人与事，让自己在封闭中走向孤独。其实，能够温暖你的，正是这些令你毫不在意的人与事。就算你爬上巅峰，回头再望，风景却在你来时的路上。小时候，我们渴望大人的世界，成年后，我们哀叹早逝的青春；年轻时，我们以健康为代价，拼命挣钱，迟暮时，我们以金钱为交换，维系着健康——我们总在担心着明天的一切，却又无视当下的快乐……于是，我们丢失了现在，更迷失了将来。请记住，不要让自己走过的路最终只留下一抹黑色的印记。

把人生的得失成败看淡些，把纠缠的恩怨情仇看轻些，开心、轻松地度过每一天看似平淡的生活，这才是对自己生命最大的珍爱。不要过度地追求辉煌灿烂的人生，轰轰烈烈的传奇经历，多数是发生在书中的故事，对于平凡的我们来说，平淡才是生活的主线，我们更多的是与油盐柴米酱醋茶打成一片。精彩只是人生的点缀，我们无法回避现实的平凡，不如把眼光放到眼前，踏踏实实地走好每一天，即使生活平淡如水，我们也可以把日子过得充实而富有情趣。

夕阳西下，落日熔金，晚霞泛天，每日的夕阳美景，不知有几人懂得欣赏与享受？在生命旅途中匆忙疾行的人们忽略了多少人生旖旎的风光？是夕阳，非夕阳，今天的结束，又何尝不是明天的开始，今天的开始何尝不是昨天的延续。放慢脚步，珍惜我们眼前拥有的每一段时光吧！不须沉湎于昨日的忧伤，亦不要空想于未来的辉煌，人生既没有美丽，也没有悲伤，人生就是以它原来的面目存在。我们应当用我们自己的面目去面对人生。

第五章

归真

让我们拥有最美丽的日出

只要学会开朗，就能够在阴暗中看见一个充满光的方向，看见与众不同的人生风景。

人生在世，求福、求贵、求钱、求权、求欢乐、求健康长寿……凡尘俗世，芸芸众生，谁人无欲无愿，又有几人能逃离了烦恼和困惑？人生不如意事十之八九，烦恼时不必倾诉，困惑时不要彷徨，不要祈求任何人为我们分担痛苦（别人也无法分担，只能自己化解）。只要我们学会开朗，就能够在阴暗中看见一个充满光的方向，看见与众不同的人生风景。

学会开朗，就要树立正确的人生观和世界观。有了正确的人生观和世界观，就能对社会、对人生、对世界上的万事万物有一个正确的认知和理解，就能采取适当的态度和行为，使自己站得更高，看得更远，做到冷静而稳妥地处理各种问题。

学会开朗，就不能对任何人、任何事有过分的要求，有求就有求不得，就会痛苦。也不能对自己要求太苛刻，那样只会被一些条条框框所束缚，捆住了手脚。只有解放思想，保持愉悦的心情，生活才显得有意义。

学会开朗，就要学会自我调控，排除不良情绪，用一种积极向上的心态，让自己在愉快的环境中度过每一天。生活中要避免不良情绪的发展，遇到不好的事，要换个方法、变个方式思考，保持心情开朗，对生活充满热情与信心，就会收到意想不到的效果。

学会开朗，就要学会接受一切。开朗地接受、大度地包容哪怕是最痛苦的事情。承认现实，适应社会，尊重自然。不要在意别人的眼光，不要在意别人的嘲笑，不要活在别人的言论里，做好自己，自己才是我们一生的主宰。

生活在这个繁杂的社会，面对紧张的工作，面对微妙的人际关系，我们除了觉得太累以外，更多的感慨就是——在这个社会中，人与人之间的关系实在是太过于复杂。因为复杂，我们怕被骗，怕被伤害，怕自己失去太多。因为复杂，我们贪婪，我们想要拥有，我们绞尽脑汁，甚至不择手段地想去不劳而获。其实，世界原本简单，复杂的是我们自己。大多数烦恼都是我们自己给的，只要我们的心灵简单得如一泓清水，我们就会如释重负、潇潇洒洒。

世上很多事是无法求全的，看不惯的事情很多，对此我们应当尽量超脱，过去的无法挽回，要学会排遣苦恼，宽以待人，意志坚强。凡事不要有过高的要求，期望越高，失望也就越大。眼光放远些，学会随和，学会知足，一个人能知足，他的精神就会开朗、愉快，而一个不知足的人常常自苦、自危、自惭、自卑、自惑，以致自毁。

打开磨难之门，我们要有一个勇敢的笑容。当我们学会知足时，就等于拥有了许多无形的财富。因为我们学会了善待自己，学会了开朗平和，学会了调整自己的心态，更学会了该如何享受生活的每分每秒。

春天的祝福

宽容了别人，真正放飞的还是自己。

春风拂面，冰雪消融。我们踏着春天的脚步，迎来了2008年新的曙光。春天是希望的象征，春天是新年的开始，春天万物复苏，万物在经历了寒冬的磨砺后，开始茁壮生长。在新的一年里，愿我们放飞理想，播种友谊，播种健康，收获属于我们自己的成功，收获所有的幸福和吉祥！

我们生活在这个世界，奔波于繁杂的社会，人来人往，交流频繁，难免会有摩擦，谁也不愿意看到不愉快的结局。都是无意的伤害，都是一时的大意，都是难于避免的失误，没有必要斤斤计较，也没有必要那么在意。不妨给别人一个生存的空间，给任何事情找一个应该发生的理由，也就给了他人一个可以立足之地。宽容了别人，真正放飞的还是自己。

爱可以给夏的烦躁以清凉，爱可以抛却秋风扫落叶般的凄苦和孤寂，爱可以给寒冷的冬季以温暖，抹去内心的孤独和无助。爱是心与心的交融，爱是相互的理解，爱是相互的体谅，打开心锁，敞开心扉，心与心相连，可以构建一个美丽的家园，共同拥有一个祥和的社会。爱是肩与肩的相互支撑，肩与肩的相互碰撞，可以撑起一片蔚蓝的天空。

愿我们欣赏春天的烂漫，享受春天的温暖。不要让外在的环境影响了我们应有的开心和舒畅的情绪，抛却哀愁，泯灭仇恨，融化寂寞的寒冰，消除所有的不如意。不论他人的对错是非，因为那样做没有任何意义；不必去计较个人的成败得失，因为过去的已成为过眼的烟云。内心充盈，豁达开通，扫除所有的障碍，我们的内心世界就少了夏秋冬。

阳光的心，坦白的人

要想温暖别人，内心要有热；要想照亮别人，就要先照亮自己；要想照亮自己，首先要照亮自己的内心。

阳光的心态是知足、感恩、乐观、开朗，这是一种健康的心态。阳光的心态可以使人深刻而不浮躁，谦和而不张扬，自信而又亲和。我们追求和谐，不仅要力求人与人和谐，人与自然和谐，还要注重人的内心和谐，人的内心和谐才是和谐社会的最高境界。

在我们的日常生活中，经常会遇到各种麻烦和困扰，工作环境不称心，事情处理不公平，经济条件不宽裕……但是如果心中有怨恨，那就是心态出了问题。心态出了问题，那就要调整好心态，拥有好心情才能欣赏好风光。

要想塑造知足、感恩、乐观、开朗的阳光心态，我们首先就要建立积极的价值观。如果内心是一团火，就能释放出光和热，如果内心是一块冰，即使融化了也还是零度。要想温暖别人，内心要有热；要想照亮别人，就要先照亮自己；要想照亮自己，首先要照亮自己的内心。怎样照亮内心呢？我们可以点亮一盏心灯，塑造阳光心态。良好的心态能够很好地影响个人、家庭、团队、组织，以至于社会。

乐观的心态来自宽容，来自大度，来自善解人意，来自与世无争。为人处事要谨慎，要虚怀若谷，要大智若愚。人生是一段美妙的旅程，虽然会有阴雨，重要的是学会爱，爱亲人、爱朋友、爱身边所有的人，也爱自己，学会享受生活，从而快乐一生。

想要快乐，我们首先要有一颗感恩的心，感谢上帝给了我们生命，感谢太阳给我们光明，感谢生活给我们挫折，感谢父母的养育之恩，感谢朋友的关爱……让感恩之情来滋润我们的生命，并好好地守住我们所拥有的一切。

幸福在本质上与财富、相貌、地位、权力没多大关系。幸福是由自己的思想、心态而决定的。如果把别人看成是一文不值，那我们自己就生活在“悲哀”里；如果把别人看成是快乐的天使，我们也就生活在“愉快”里。如果把别人看得丑陋，那么这就是在制造“悲哀”；如果能把别人变成快乐的天使，就是在制造“愉快”。怎么才能把别人变成快乐的天使呢？首先要做的就是学会感恩、欣赏、给予、宽容。

我们如果想享受生活，就要建立积极的心态。积极的心态是从正面看问题，乐观地对待人生，乐观地接受挑战和应对麻烦，这对一个人的为人处世至关重要。

想要用阳光的心态享受生活，就要善于发现美。生活中并不缺少美，缺少的是善于发现的眼睛。要学会欣赏每个瞬间，要热爱生命，相信未来一定会更美好。

想要用阳光的心态享受生活，就要学会放下。该放下的放下，学会谅解、宽容。原谅别人的错误，并且给予鼓励和改正错误的勇气，不原谅别人，等于伤害了自己。

心态是我们调控人生的控制塔，心态的不同导致人生的不同。心态决定命运，心态决定成败，心态是后天锻炼的，我们完全可以通过调整心态来成就我们的事业，改变我们的人生。

生活因为热爱而丰富多彩，生命因为信心而瑰丽明快，梦想创造未来，心态营造今天。如果心情好，我们会发现沙漠在唱歌，小草在起舞；如果心情糟糕，我们会发现开放的玫瑰在流泪，奔腾的小溪在哭泣。境由心造，相由心生。快乐的心态会像一缕温暖的阳光驱散心里的阴云，阳光会照耀每个角落。

愿我们能带着阳光心态，缔造良好的工作、学习和生活环境，那么内心的阳光照耀了自己，也会照耀他人。

生命如花

真正的独立，是能自己承担最坏的结果，在任何境况下，不怨天尤人，不轻言放弃，抬起头，往前走。生命如花，绽放与凋零都是大自然的规律。

成长是一个烦琐的过程，我们接受知识，经历坎坷，然后长大。年幼的期望成熟，成熟的又渴望年幼，人就是这样一个矛盾的生命体。

人生在世，有很多的追求与理想。走走，停停，想想，才能看清人生路上的风景，才能领略人生的深邃之美。

生命如花，那是因为我们有幸开在亲人爱的枝丫上，对于未来的憧憬和渴望让我们甘愿付出所有艰辛，只为了一个更加美好的明天。

每个人一生中都会遇到很多人，经历很多事。常常在不经意间就被深深感动。那些曾经在生命里，在路途上，在心灵深处，触动并温暖过我们的陌生人都是值得感谢的，那些都是我们生命中至为珍贵的记忆。

生命中注定会有聆听的耳朵，在被人遗忘的角落听到花开花落，知道那时早已物非物，花非花。

很多很多经历与情感，文字无法铭记，心里装不下了，自然缓缓流淌，只遗憾滋润肺腑，也将洗去铅华。

一叶可以遮目，也可知秋，这个世界没有完美，因此，我们要格外珍惜往事中的刻骨铭心的挚爱和牵挂。

有人说，生命如茶，唯有细品才能品出真味，悟出道理；有人说，生命如歌，唯有高唱才能唱出精彩，唱出希望；有人说，生命如画，唯有身临其境、置身其中，才能赏出这幅画的美妙与真谛；有人说，生命如诗，它有着永恒不变的主题……我说生命如花，如花那样绚丽多彩，如花那样美丽多姿，如花那样竞相开放，把自己最灿烂的一面展示给人们！每一个生命都是美丽的，因为再小的花也不会拒绝开放。

“墙角数枝梅，凌寒独自开。遥知不是雪，为有暗香来。”生命如梅花一样，虽然大雪纷飞，虽然寒风冷冽，但它依然傲立在风雪之中，那样顽强，那样坚韧。因为顽强而创造了生命的奇迹，因为坚韧而彰显出生命的珍贵。

昙花放弃了在绚烂的白天与群芳争艳斗丽的机会，只是在漫长的黑夜为人们送走沉重的叹息，依然跳跃生命的音符。生命如昙花，虽然只有短暂的一现，但却在那一刻释放出生命的光芒。在强大的自然面前，生命是很脆弱的，但就在那一瞬间，留下的却是伟大与永恒，这就是生命的意义！

生命如荷花，出淤泥而不染，纯洁而高贵。爱是人类最美好的感情，是生命无比芳醇的精神体验。爱是纯洁的，又是高贵的，因为拥有爱的生命是高洁而可贵的。爱，超越了痛苦，使痛苦美丽，超越了忧伤，使忧伤美好。爱不仅使爱者心灵纯洁，而且使被爱者尊严高贵，使生命更美丽、更具价值！生命如荷花，如荷花般纯洁，如荷花般高贵。

世界上不断有人进入或离开，就如花儿一样有绽放也有凋谢。生命如花，绽放的时候会光芒四射、娇艳美丽，而在凋谢的时候也会默默地付出着、奉献着、牺牲着，将芳香弥漫在这个世界。生命如花，请珍惜这如花的生命！

生活之所以呈现出与众不同的色彩，不是生活有什么额外的赐予，仅仅是因为，在胸襟之中，盈盈地盛满这么两个字：坦然。我坦然，于是我心美丽。我心美丽，于是我的人生跟着美丽，所以心情总如花般灿烂。

人生一世，草木一秋。花开花落在大自然的日历上，也只是一个瞬间的事而已。其实就是这一个个不经意的、不起眼的瞬间构成了我们长长的一生。我们每个人，每一天都拥有无数个不同的瞬间。这些瞬间连接在一起就成了人生的点点滴滴。看似平常，不值得在意，然而，也许就在这某一个你不在意的瞬间，我们的人生就会改变。

在这个世上，最坚强的东西莫过于生命，最脆弱的东西也莫过于生命。得到与失去，只一瞬间就可以决定。所以说，人生最大的幸福莫过于“平安”二字，平安是人生一切可能的载体。所以我们要珍惜眼前所拥有的。不管时光怎么改变，只要自己付出真心去生活，你就会拥有一个可以让自己坦然面对的人生。把握自己生命中的一点一滴，也就是把握住了自己的幸福。日子一天天过去，你会认为昨天、今天、明天是相同的吗？也许你会想，这个世界上许多的事明天可以继续去做，许多的人明天可以再去相聚。但事实是：有的事明天你即使是想去做，也不一定有机会了。有些人明天也许就再也不可能见到。人生就是这样。不想和来不及都只是一瞬间的事。所以珍爱生命的每一天，平平安安，从从容容，才是生命的本来面目。

也许有人说，人生漫漫，错过了瞬间，还有长长的岁月可以等待。可是殊不知，造化弄人，人生的许多时刻就是由于你的不在乎，正好与那些本属于你的重要时刻擦肩而过。失去了本该属于你的美好瞬间，也只能在心底里默默地后悔了。

太阳落下去，在它重新升起前，一切都是未知数。我们要做的，唯有好好去珍惜和把握眼前的日子，生命如花，希望我们每一个人都不错过生命中的每一次花开。把握住生命中的每一个美好瞬间，那么，我们的幸福，就会像花儿一样开放。

爱会让你的生命发光，需要会让你的生命珍贵，希望会让你的生命多彩。正视自我，做好自己，你的生命会如花绽放！

人生中，有些事我们无法选择，也不能躲避，甚至无法逃避；人生，就像一首短小的诗，开头与结尾的距离如此之近，而大多数时候，我们并没有意识到。生命，真的经不起浪费，就像花一样，只开这么一次。当你真正弄懂了生命的奥秘时，可能会很无奈。其实，生命的本质是一种活法，只要你认真地、洒脱地去活，就永远不会被生命误导，那么，生命也绝对不会辜负你。

许多人的一生就是这样在自我的辩解与精神原谅中漫步走过，在自我麻醉与欣赏中换回一生的幸福，尽管是简单而幼稚的，是经不起思考与推敲的，但于己于人，至少是一种安慰。可能是我们自己过于苛求自己，或者存在太多与自己能力不相符的幻想，总想模仿英雄或名人走过的足迹，希望世界寄寓自己的不仅仅是一个舞台，更是一个充满精彩的展示魅力与才干的广阔天空，可以自由翱翔，可以不经意地做自己开心的节目，事实却并非如此。

有人说过，人活到无奈，才算活出了一点儿人味来。没有尝到无奈的人只有两类：一是尚未真正负荷人生重担的年轻人，一是灵魂麻木的人。真实、无奈才是一种心灵的坦率与真诚，是面对现实的坦荡与温情，而不是软弱的服从与低头。无奈了才有思考的必要的条件，才有了超越自己的前提与动力，才有蓄势待发的机遇与平台。人生不能没有无奈的时候，但千万不能总困在无奈中唉声叹气和销蚀自己，并不是所有机遇都对你无奈，更不是所有的人都对你无奈，首先你得自己学会微笑起来，生命之花才会绽放。其实，觉得自己做得到和做不到，只是一念之差。

每一个细节只是漫长过程中的短暂的一点停留，与其为细节而纠缠不已，不如裹伤前行，让生命留下精彩。因为所有的胜利，与征服自己的胜利比起来，都是微不足道；所有的失败，与失去自己的失败比起来，更是微不足道。要想征服生命的巅峰，首要的是征服恐惧的内心与屈服的思想。点燃思想之星火，不必为情所困，为伤所累，为物所系，为愁所扰，为恨所缚，过程将证明一切：你是最精彩的。

人生有三乐，闭门读好书，开门迎佳客，出门寻山水。有时不失是一种境界，因为人生有多种走法，或坦或坎，或险或平，或喜或悲，或达或困，或富或贫，或贱或贵，你不管是杰出或平凡，还是英雄或寇盗，留给历史的却都是一样的评判。人生的真理，只是藏在平淡无味之中。

愿生命如花。佛说，不宽恕众生，不原谅众生，是苦了我们自己。以微笑的姿态生活，以幽默的态度处事，也许感受到的不仅仅是阳光与收获。

生命当美如花，一生中总要有一次绽放，不管花的颜色，不管花的大小，不管花是否芳香，也不管花是否开得长久，是花，总要绽放一次的，不管这个过程是短暂还是漫长，纵然等上千年，它也总要开上一次，用以证明它是花而不是草。

人最宝贵的是生命，生命不只属于你自己，而且属于所有爱你的人。只有生命存在，我们才能去实现心中的梦。

每当清晨的朝霞映红了我们的面庞，当那树上的小鸟唤醒我们的梦想，我们知道新的一天开始了，我们应感谢父母，是他们赋予我们生命。每一个人都会从少年走向青年、中年、老年。当成年后的睿智成熟取代了曾经的青涩懵懂，留在心头的是抹不去的感慨和阅尽人生百态之后的从容淡定。年华渐逝，可是那些曾经在我们的生活中留下感动的故事不会老去。那些或深刻、或隽永或温馨的故事，书写在我们生命的字里行间，给不同时候的我们以不同的感动。

生命可以这样美丽，可以像花儿一样美丽，只要你不放弃，即使只给予一点点儿希望，只要你种下了希望，也会给你意想不到的结果。同样，生命也是这样，只要你付出了努力，人生就不会是一页空白，而最重要的是，你不放弃。

生命如花，绽放与凋零都是大自然的规律，开过了，就没有了遗憾。

赞美春天

只有自己的内心是一个生机盎然的春天时，才能带给他人、带给世界一个明媚的春天！

光彩世界，万家灯火。时光荏苒，岁月更替。北国的江河还被冰盖禁锢的时候，春的影子已悄然立于南方的地平线上。南国生出的暖意化出缕缕春风，掠过山峦湖海，一路向北徐徐吹来。世间的万物经历了一个冬季的休眠，随着季节产生了萌动，也在一个崭新的天地里展开生命的画卷，去焕发美丽的青春。这是春的呼唤，它告诉人们春天就要来了。

春天的到来，总是让人生出些许美好的向往或无端的惆怅，于是有“春色满园关不住，一枝红杏出墙来”的喜悦，也有“年华已伴梅梢晚，春色先从草际归”之嗟叹。透过古今中外的文人骚客浩如烟海的咏春名句，我们在感受到春的妩媚、春的温情、春的绚丽多姿时，也看到了人类对未来始终如一的憧憬与描摹。

在这个让人激动、让人期待、让人浮想联翩的季节里，或有精致如斯的小秘密破壳而出，或有宏伟壮丽的大手笔横空出世，我们赖以生存的这个世界便山花烂漫、香气扑鼻，充满了生命不息、奋斗不止的生机。

春天给我们辉煌的远景，也给我们无限的勇气；春天给我们前行的方向，也给我们无穷的动力。

在春天温柔的目光中，所有过去的成功者和失败者都站在了同一条起跑线上，紧跟春的脚步，向未来的日子奔跑。

一个新的季节开始了，成功者不要被一时的成功和胜利遮住了双眸，因为今天的成功并不等于永久的辉煌，还需要保持清醒的头脑，打理好今后的时日。失败者更不要气馁，过去的已成过眼的烟云，凭着我们的勤劳和智慧，一定会走向属于自己的金光大道。

无论成功失败，春天的流逝给我们每个人共同的感觉，那就是——稍纵即逝。

春天会稍纵即逝，生命会稍纵即逝，只有踏踏实实地走过生命的每一天，当又是一年春来到，我们才可以迎着春的脚步，无愧地说："我们没有虚度人生!"让春天长驻在我们的心中。只有这样，我们生存的那片天空才会越变越蓝，我们脚下的路才会越变越宽，我们生活的空间才会越变越亮丽和丰富多彩，我们获得的感受才会越变越温暖。

我们赞美春天，因为春天充满了生机，当我们播下了种子的同时，也就播下了希望。在期盼和挥洒汗水的喜悦中，我们的种子会和我们一起成长。

我们向往春天，因为春天是温暖的，春天是明媚的，春天是浪漫的。我们赞美春天，因为春天充满朝气，春天充满生机，春天充满希望。

一年之计在于春，春天是个播种的季节，我们在心田播下宽容、友爱、和善的种子，让自己语如春雨，润人心田，面如春风，暖人胸怀，心如春雷，惊开久掩的心扉，放飞那心底的爱，让内心世界春风轻拂，春雨飘洒。只有自己的内心是一个生机盎然的春天时，才能带给他人、带给世界一个明媚的春天！

善用幽默，智慧人生

幽默是一种智慧的体现，对生活观察仔细并积极思考的人，才能真正领会并制造幽默。

幽默是人们在社交场上所用的最好的钥匙，它是人际交往的润滑剂。拥有幽默的口才，就好比是给日常生活添加了调味品，可以让平淡的生活变得富有情趣并充满快乐，可以让我们获得更多的朋友。如果无意中和他人产生了误解，巧用幽默，还能化解尴尬，缓和气氛。

幽默如从天而降的细雨，使我们置身于愉快、安适的交际气氛中。它犹如潺潺溪流或者照映在碧绿如茵的草地上的阳光。

幽默是一种智慧的体现，它需要灵敏的反应和睿智的头脑，是一种豁达心胸的彰显。它体现了一个人的涵养和素质，是一种积极心态的流露。只有一个乐观开朗、充满生命力，对生活观察仔细并积极思考的人，才能真正领会并制造幽默。

幽默也是遭遇挫折时的减震器。面对纷繁杂乱的生活，面对层出不穷的压力，不妨幽默一点，让它们在你轻松的微笑、诙谐的言辞中变得轻描淡写，让生活可以从容淡定，让生活依然充满阳光和快乐。

为生命骄傲

生命没有大小之分、强弱之别，无论多么微小的生命都值得我们敬畏。

春去秋来，花开花谢，茫茫尘世中的你我虽渺渺如天上一朵白云，却一样拥有自己的个性和独特的自我，生命本身就是一种美丽。天空有天空的高远，彩云有彩云的逍遥，花儿有花开的美好，流水有流水的自在，无论生来多么地卑微，都应该为自己拥有一片天空、一席土地而感到骄傲。

从我们出生，哭出生命中的第一声时，我们就开始感受到，人生的道路上必定交织着矛盾和痛苦，充满着求索和艰辛，遍布着荆棘和坎坷。岁月的浪潮泛起多少尘埃，飘浮的人生跌碎无数的梦幻，但是，生命因为磨难而美丽。唯有这些艰难，才能凸显出生命的可贵与不凡。唯有经过磨炼的生命，才能坚强，也唯有历经风风雨雨的人，才知道生命的难得与珍贵。

生命虽然弥足珍贵，但日常的生活却是平凡而琐碎的，这就需要我们学会欣赏，欣赏平凡生活里的美丽，从而去感知生命的快乐。生活就像湖泊中荡漾的涟漪，平凡却不乏美丽动人；生活也像绿叶上滚动的露珠，渺小却依然晶莹剔透。当我们走在大街上，看到摆摊的小贩，他们不停地吆喝，并不时发出爽朗的笑声，他们谱写了城市匆忙的乐章；挑着担子卖菜的妇女，甚至老人，他们瘦弱的双肩挑起的不只是生活的重担，还有担子背后的朴素、勤劳和善良。他们感知真挚的生活，尽情地歌唱生活，他们是单调生活里最生动的点缀。我静静聆听着这些朴实的细语落在地上溅起的声音，像岁月的散曲，轻轻哼唱生命的乐章。

生命没有大小之分、强弱之别，无论多么微小的生命都值得我们敬畏。破土而出的小草、迎风招展的野花、路边来回奔波的蚂蚁、逆流而上的鲑鱼，它们对生命的执着总会深深地感动着我们，让我们感慨。生命可贵，不仅是我们自己的生命值得珍惜，一切生命都值得我们去珍惜，去关心，去爱护。

人生像一首诗，有甜美的浪漫，也有严酷的现实；人生像一首歌，有欣喜的欢愉，也有低旋的沉郁；人生像一个大舞台，有显赫的主角，也有默默无闻的配角，虽然不一定每个人都能成为独领风骚的风云人物，但是，我们是自己生活的主角，只要我们用心去揣摩自己的角色，我们就一样可以演绎好自己独特而精彩的人生。

生命像一座山，高低起伏不断，风霜雪雨交加，但是，只要我们勇敢地在崎岖的山路上跋涉，我们终有一天能够登上生命的高峰。生命像一条河，上游是童年，宛如美丽的小溪，清澈见底，欢歌笑语中奔流向前；中游是壮年，有瀑布，有暗礁；下游是老年，历经岁月的沧桑，回归大海，有平静也有博大。

岁月渐长，年华渐老，我们却在时光悄悄流去时更深地读懂了生命。如果有足够的修养，那么我们的生命就是文雅的；如果有足够的经历，那么我们的生命就是多彩的；如果有足够的包容，那么我们的生命就是宽广的；如果有足够的从容，那么我们的生命就是美丽的；如果有足够的善良，那么，我们的生命就会拥有璀璨的光环。

不是生命中的苦恼太多，而是我们的胸怀不够开阔；不是幸福太少，而是我们还不懂得生活。忧愁时，就写一首诗吧，让苦涩化为浪漫的花朵；快乐时，就唱一支歌，把快乐传递，让幸福传播。无论天上掉下来的是什么，我们都从容地迎接，生命唱出的都是最美丽的赞歌。

忘了自己忘了伤

背负太多的怨恨，只会让生命之舟颠覆得一塌糊涂。

人如水中游鱼，游戏在记忆的长河之中，我们无时无刻不在感受着命运的碰撞所引起的心灵的跳动。一不小心就被河底的石头、玻璃碰伤，或大或小的伤口遍满全身，有已经愈合的，有刚刺破的，还有正在恢复的，就这样仍然不停地游动着，直到逝去。

我们这游鱼似的生命，在人生的河流中来来往往，遇到了许多人，经历了许多事，错过了许多美，遗失了许多好，难免会经历一些坎坷。然而岁月的本质就是如此，不仅有风霜折磨，更有明枪暗箭，宽些心处，便是清凉。然后此生彼灭，最后都将化做一堆陈迹。

流水无心，云雾聚散，生命中的一切都应如是。忘了那些曾经看似伤害的伤害吧，忘了那些过去难以释怀的怨恨，过去的无法挽回，就让它随着时光的流逝而散去吧，免得累赘，然后给自己的心灵放个假。如果背负太多的怨恨，只会让生命之舟颠覆得一塌糊涂。

人会老，心不老，如果觉得困苦、受伤的时候就放松一下，给生命复原的时间，为自己的生命护航。你会慢慢发现，世间的一切烦恼，不过都是隔岸看花，风轻云淡。

人生的真谛

对于命运赐予的磨难，经历它，战胜它，了解它，看透它，它就是让人成长、让人进步的一个机会，走过去了就是人生的一种财富。

有生命才有希望，不要问人生的意义究竟在哪里，也不要说找不到人生的意义就可以自暴自弃，生命的精彩尽在活下去，活下去就是真谛。想要健康，就得活着，想要快乐，还得活着，想要幸福，更得活着。

我们可以坦然接受生活的馈赠。如果说人生是一首优美的乐曲，那么痛苦就是其中一个不可或缺的音符；如果说人生是一望无际的大海，那么挫折则是其中一朵骤然翻起的浪花；如果说人生是湛蓝的天空，那么失意则是天际飘浮的一朵白云。对于生命中美好的事物，我们赞美并享受它所带来的美好。对于命运赐予的磨难，经历它，战胜它，了解它，看透它，它就是让人成长、让人进步的一个机会，一个挑战，没什么可害怕的，走过去了就是人生的一种财富。

坦然地面对生活，就要学着做一个简单的人。踏实而务实，不沉溺幻想，不庸人自扰。当困难来临时，用微笑去面对，用智慧去解决。当我们实在无法改变眼前的事实时，能缓解它所带来痛苦的唯一方式就是平静地接受。快乐如果无法永恒，那么痛苦也不会永久存在的。

简单的人生同样丰富多彩，当我们回首往事时，不应留下太多遗憾。就好像一粒种子，可以无声无息地在泥土中烂掉，也可以长成参天大树。而我们是要碌碌无为地在世上混日子，还是让生命发出耀眼的光芒呢？要知道，一个人如果不奋斗，那么美丽的人生将离他远去；如果不努力，那么幸福的人生将向他挥手告别。

人生就是一首歌，成功作词，拼搏为曲，永不放弃才是这首歌的主旋律，因为，活下去就是真谛。

生命如花开落

过去的是时间，老去的却是心境。人生不必走得太匆匆，世事不必看得太分明。

世事匆忙，光阴荏苒，来不及看春夏之景，来不及叹流年之韵，岁月就这么匆匆不语地消逝了。生命如花开落，过去的是时间，老去的却是心境。

其实人生在世，睁开眼就是天高地阔、晴空万里，闭上眼就是群星闪耀、明月清风，人世间原本如此干净、美丽，假如人心也能清净无染，世界就会更美好。

世事本如是，无须精心处世。人本是人，不必刻意做人。放一首音乐，不必太感伤，我们可以像一株花一样寂静美好，像一只猫一样享受阳光，在纷扰红尘中让心灵清净。闲暇的时候不妨享受一下，不过是醉一会儿，梦一会儿，花朦胧，鸟朦胧，人生不必走得太匆匆，世事不必看得太分明。

但有时候，愚昧无知的人总是让时间的沙漏沉淀着无法逃离的过往，那就让记忆的双手去拾起那些明媚的忧伤吧。要知道，叹气是最浪费时间的事情，哭泣是最浪费力气的行径。不要让我们原本幸福的生活看起来很烦恼，要学着让看似烦恼的生活变得很幸福。

人生在世，生命如花开落，本来静静地开放，静静地芬芳，静静地走过人世间，就像一首乐曲，有序曲，有主歌，有高潮，有间奏，最后在完美中结束，不必要添加那么多的灰色。就让生命带一缕微醉，飘进另一个童话的故乡吧，倚青山，傍秀水，亲斜阳，赏月光，看云舒云卷，享岁月静好。

路悠悠

不要把所有的争执都考虑得那么复杂，不如给彼此一些时间，包容一些对错，善意理解别人不同的意见，因为简单的人生才能感知生命的意义和内涵。

人生就像一条小路，曲曲折折，难有平坦之处。我们总是在痛苦中摸索，在失落中希望，尽管如此，目标却仍然遥远得像颗星。要知道人生哪有什么十全十美，又怎能奢望达到最好的结果？每一天有希望地活着，尽己所能地努力生活、工作、学习就是最好的人生。

冷眼看世界，静思人生路。不必把所有的争执都考虑得那么复杂，不如给彼此一些时间，包容一些对错，善意理解别人不同的意见，因为简单的人生才能感知生命的意义和内涵。

曾经沧海难为水，繁华落尽成悲凉。使人疲惫的不是路悠悠，也不是忙碌的无尽头，而是心灵的颓废，希望的丧失。只有不怨恨，不落寞，我们的心才能如明镜一般，照亮一切。人生本是一场愈行愈远的跋涉，走一段路，邂逅一些人，看一处风景，不计较得失，最后剩下的，就是一种淡然。

人生路悠悠，本来就是一次思索，一种进取，今天是昨天的总结，又是明天的开始，承接着过去和未来。也许你在人生路上会有很多烦恼，爱悠悠，恨悠悠，愁悠悠，叹悠悠。不管命运如何，依然是大路朝前，影响不了岁月的步伐，不如就一切随缘，有尊严地活好每一天，对得起每一个日出日落，对得起春夏秋冬、花谢花开的每一个轮回就好。

生命的节奏

生命的节奏本就应该有紧张有松弛，不要让自己的心变得没有弹性，该休息就休息，该努力就努力，时间和生命的把握全在于自己。

弹指一挥间，还没来得及转身，金秋已接近尾声，寒冬就要到来。日子过得时快时慢，有时日月如梭，有时度日如年，竟搞不清楚生命的节奏到底是快还是慢。

有时候，陀螺式的生活会让我们喘不过气。人在旅途，最怕疲于奔命，最怕碌碌无为。因此我们需要去调整在这纷乱人世间的脚步，去倾听自己的心声，给心灵一处休憩的港湾。当你觉得快了、累了，就刹一刹车，放放空挡，放慢一点速度，好让灵魂跟上脚步。

我们不是机器，是无法连续运转的。草草地掠过生活，只会把细节当成累赘抛掉，生活便只剩下梗概和空白。所以人需要休息、放松和娱乐。而休息也并非意味着什么事也不做。休息的意思，是要你慢下脚步、放松自己紧张的情绪。给自己多一些空间，倾听别人的心声和自我灵魂的对白，然后寻回真实的自我，在纷繁的生活中慰藉心灵的疲惫，在喧嚣的尘世里享受真实的快乐，笑对生活中的压力与困境，从而为自己营造一段清静从容、悠然舒缓的幸福时光。

有时候，我们放松得多了就变得无比懒散，无所事事，时间显得那么漫长，生命显得那么百无聊赖。这就需要我们从此刻起，认真生活，不抱怨，不烦躁。提起十二分的精神，努力拼搏和奋斗，用自己的灵魂奔跑，用心灵唱出一首充满生命力和战斗力的歌。只有这样，我们才会像种子一样，结出美味的果实，像荷苞一样，绽放美丽的荷花。

其实，在我们的人生中并没有什么光明大道，我们的道路只是因为不断努力才变得光明。当人们惊异于丁香花绽放的美丽时，又怎能想到它内心的苦涩；当人们羡慕阳光下飞舞的蝴蝶时，又怎会了解它曾经孤苦独居的生活；当人们欣赏水中优雅的天鹅时，又怎会明白它曾经是个不被人喜欢的丑小鸭？所以，成功的背后，少不了奋斗的汗水和坚定的信念。就像那石缝中怒放的生命，正是因为艰难的生存条件，才更加值得尊敬；松柏需要不畏严寒的坚强，才会在冬天里傲然风雪。那么当你的生活开始变得无聊时需要什么，我想已经不言而喻了吧！

由此，我们应该明白，生命的节奏本就应该有紧张有松弛，不要让自己的心变得没有弹性，该休息就休息，该努力就努力，时间和生命的把握全在于自己。掌握好生命的节奏和心情的节奏吧，不要给自己额外地增加太多负担，要知道，平安就是最大的财富，然后学着用一颗张弛有度的心去珍惜所有，去感恩身边的每一个人。

生命的价值

一个人的价值不在于他创造了多少财富，或是获得了多少荣誉，心灵的高贵在于经历过苦难后心地依然纯良和清净。

生活并没有亏待我们，它赋予我们健康、善良、包容、勤劳，我们不知道向命运索取了什么，也很少去想用什么来报答命运。一个人的命运旅途会出现许多拐点，念头总是在善与恶之间徘徊，假如把念头交给了烦恼，生活将不乐观。所以，不要让心灵像断线的风筝。大江东去，千秋百代，人类得以生生不息的那条线就是道德。人间正道是沧桑，古来英雄如夕阳，创造历史的不是什么英雄好汉，而是古往今来的无数百姓。一个人的价值不在于他创造了多少财富，或是获得了多少荣誉，心灵的高贵在于经历过苦难后心地依然纯良和清净。

有时候，匆匆忙忙的脚步，掩盖了我们对生活的那份热爱，一点点疲劳就让我们对命运产生怀疑，其实，命运背后还有宁静、坦然、快乐、参与、分享，命运是从过去到未来的一条生命线。一年年，一岁岁，也许记不清去年今日，也许记不清许多过往，是梦是幻，只希望明年今日还保留一份生命的真、人心的宽、生活的美好。

人生在世，不是为什么真理而活着，是为良知活着，人生最大的苦恼不是贫穷，而是偏离了善良的坐标。如果背叛了善良，这一生再也找不到灵魂的归宿。

走过人生的悲欢聚散，我们欣慰我们对生命的信仰依旧忠诚，对生活依旧保持热情，曾经的过往，风乍起，杨花落，云无数，随它去。人来人往，寒来暑往，不必要苛责生活负担的沉重。人生原本就是一次远行，不必要负担太多，不妨宁静地守望来去的岁月，做一个看客，喝一声精彩，为自己壮行，也为别人捧场。

山水无言胜有言

繁华落尽，终是空了，而我们永恒记忆的却是那段历程，是对生活的体悟，对人生的觉醒。

风吹花落尽，繁华终成空。是风的错，还是花之过？落花流水本自然，谁也无错，谁也无过，只不过是四季更替、时光流转的真实体现。只有繁华落尽后，我们才能看见世界的真实，才能看见人间的真面目，不必把浪漫过分渲染，不必把痛苦过分夸大，山还是山，树还是树，山是一样青，树是一样绿，世界没有改变。

人生的爱恨情仇、名利地位都不是永久的真实，所有的一切，只有荡去浮云才能看到真实，看到事情的本来面目。一切都不能太当真、太执着，一切都不要想得太完美，无论是好是坏，满目青山，最终都会归于平淡。繁华落尽，终是空了，而我们永恒记忆的却是那历程，是对生活的体悟，对人生的觉醒。

青春花开花谢，岁月来去匆匆；四季雨雪纷飞，旅程走走停停。很多东西会随着时间流逝，但仍然有记忆留存。大观园的繁华并不长久，如今不见了公卿王侯，只见百姓；历代英主的丰功伟绩并没有代代相传，如今不见了金戈铁马万里山河，只见淡淡炊烟。

时光匆匆，当我们渐渐体会到人间冷暖的时候，便懂得了如何面对和承受，不必说自己曾经在那些艰辛的日子里流过多少眼泪，不必说自己的肩膀上背负着多少挫折和坎坷。要知道，遇到挫折的人何止自己？需要安慰的人何止自己？正是因为这些坎坷和磨难才引发我们对人生更进一步的思索，抬头凝望天空，我们会发现，天还是那么蓝，那么净，世界本来美好，何不快乐地生活？繁华不长久，虚妄总成空。人生真亦假，无言胜有言。

如梦如幻如何说

心量狭小，则多烦恼。如果心量广大，智慧就会丰饶。

不知何时，我们开始不愿相信这个世界还有真爱，心灵也开始在寻觅里渐渐变得荒芜。有时候，我们满腹苦水也找不到可以诉说的人。要知道，时光不会理会你生活的质量是好是坏，永远向前迈着平稳的步伐。就这样，容颜在叹息中慢慢苍老，时光在挥霍中渐渐逝去。

其实，人世间不过反反复复地演绎着恩怨是非、爱恨情仇，明白了这些，还有什么值得我们可恨、可疑、可怨、可悲、可诉说的呢？要知道，世间本没有那么多的深仇大恨，只有心胸狭隘的人才会因一点点恩怨而纠缠不休，这背后的原因都只在于痴迷之深、愚昧之深、嗔恨之深、嫉妒之深。

当你迷茫的时候，你可以这样想，世界原本如此，只是我们还看不透、理不清，世间的一切只是为了锻炼我们把心放大。心量狭小，则多烦恼。如果心量广大，智慧就会丰饶。一个人如果不被贪嗔痴迷住双眼，那么幸福就在不远处。如果我们把自己的欲望降到最低点，就可以把自己的理性升到最高点，清贫乐道真自在，无牵无挂乐逍遥。

微笑着诠释人生

只要心是晴朗的，人生就没有阴雨。

人生如画，有了微笑的画卷便添了靓丽的色彩；人生如歌，有了微笑的歌声便多了动人的旋律；人生如书，有了微笑的书籍便有了闪光的主题。微笑着善待生命，珍惜生命，就能享受生命。带着微笑出发，勇敢生活，快乐面对，敞开心扉，放飞思绪，笑声就会充满我们身边每个角落，我们也会忘记忧愁，铭记快乐！

生活常常会跟我们开些不愉快的玩笑，但是要使它美好也并不是很难，只是我们需要调整好自己的心态。

心态调整能力好的人，能从糟糕的处境中看到有利的一面；心态调试能力差的人，一旦面临不良的情况，便会陷入极端沮丧的境地。心态的好坏能左右我们的生活，同样也影响着我们的命运。乐观者和悲观者有时仅仅是一个念头上存在着差别，却能够造成不同的结果。

每个人都有自己光明的前途，每个人的潜力都是巨大的，关键在于你如何创造，如何发掘。悲观的人常常认为自己的前途是漆黑一片，认为自己没能力成功，渐渐地，他们变得消极，自卑，堕落，扼杀了自己的潜力。试问，连自己都不相信的人，还能相信什么呢？相反，乐观的人总是对未来充满希望，对自己充满信心，通过自己脚踏实地的努力，一点一点取得进步，一点一点积累自信，一点一点将自己的潜能释放出来，终于成就了自己光辉的一生。因而可以看出，乐观的人“笑”着实现了自己的梦想，而悲观的人“愁”着毁掉了自己的梦想。

微笑是人类美好而生动的表情，微笑是“特效美容霜”，把它抹在脸上，面容会愈加美丽动人；微笑是一脉清泉，潺潺流过心田，润泽的内心丰盈而深情。微笑是从从容容的人生态度。我们微笑着面对生活，生活也一定微笑着面对我们。喧嚣尘世，受约束的是生命，不受约束的是心情。只要心是晴朗的，人生就没有阴雨。

微笑，是平易近人、和蔼可亲的直接表现，是乐观开朗性格的坦露；微笑，是一种发自内心、不易捕捉的心灵电波，它会让别人在不知不觉中欣然友好地接纳你；微笑，是我们手心里的一片爱的阳光，温暖了他人，也温暖了自己；微笑是融化冰山的一团焰火，多少误解、多少摩擦都能在真诚的笑意里烟消云散。

给自己一个微笑，会平添一份自信和振作，只要舒展眉头笑一笑，就给自己打开了一扇新的门。微笑会拭去大家心上的泪痕，抚平旧伤新痛，融化大家心中的坚冰，祛除懦弱，抛却沮丧，让人们重新扬起意志的风帆远航。

对他人应该多微笑，只要你眉目间展露的是真诚，即使这微笑只是惊鸿一瞥，也会像穿越乌云的一缕阳光，照亮他人的心灵。所以多微笑吧，你的微笑会将周遭渲染得桃花春暖。

微笑能给人以幸福舒心的感觉。感受到微笑的人，会以愉悦给予回报。选择了微笑，你就会发现每一天生活都充满了愉悦的乐趣。

生活像海水一样充满波澜，总会有不如意之事，既然无法避免，为何不笑着面对呢？悲伤、愤怒、气馁、埋怨，都无济于事，不如给生活一个微笑，让自己生活得更舒坦，使自己充满希望，微笑吧，乐观积极的心会赠你希冀的种子。闷闷不乐、无精打采是一天，带着畅快的微笑开心生活也是一天。朋友，让我们带着阳光灿烂的微笑，带着愉悦、快乐的心情去面对美好的生活吧！

看一路花开

真正的快乐，是经历艰辛后才体会到的。没有经历深刻的痛苦，我们也就体会不到酣畅淋漓的快乐！

千人千般苦，苦苦不相同。我们每个人每一天都背负着各种各样的包裹在艰难前行。它也许是我们的学习，也许是我们的工作，也许是我们必须承担的责任和义务。正是这些责任和义务，构成了我们在这个世界上存在的理由和价值。所以，请不要埋怨学习的繁重、工作的劳苦，真正的快乐，是经历艰辛后才体会到的，没有经历深刻的痛苦，我们也就体会不到酣畅淋漓的快乐！

有些黑暗只能自己穿越，有些痛苦只能自己体验，有些孤独也只能自己承受。但是，穿过黑暗，我们一定能感受到阳光的温度；走出痛苦，我们一定能企及成长的高度；告别孤独，我们也一定能收获灵魂的深度！

我们不能决定生命的长度，但可以拓展它的宽度；不能改变天生的容貌，但可以时时展现笑颜；不能改变他人，但可以好好掌握自己；不能全然预知明天，但可以充分利用今天；不能要求事事顺利，但可以做到事事尽心。

学会放弃也是一种人生智慧，人生是一段艰难的航行，绝不会一帆风顺。放得下，才能走得远，有所放弃，才能有所追求。什么也不愿放弃的人，最后反而会失去最珍贵的东西。放下沉重的负荷，就能解开心灵的枷锁；放下满腹牢骚，就能蕴蓄威力；放弃纤巧的思辨，就能拥有深邃的思想。

风流总被雨打风吹去，我们何必让身外之物、无聊之事困扰终生？当你紧握双手，里面什么也没有；当你打开双手，世界就在你的手中。学会放下，就能以一种拾阶而上的从容收获有意义、有价值、有深度的生命。

放下失落带来的惆怅，放下坎坷带来的失望，放下艰辛带来的痛楚，放下对金钱的渴求，放下对权势的执着，放下对虚荣的纠缠，放下那些次要的、枝节的、不切实际的东西，我们的世界才能风和日丽、晴空万里、空旷辽阔，我们就会豁然开朗，领悟“小舍小得，大舍大得，不舍不得”的真谛。

用一颗美好的心灵去看待世界，时刻保持一种乐观的精神去面对人生，我们就会多一份自信，少一份自卑与失望；用美好的心灵去看世界，用积极的心态面对生活，我们就会多一份感激，少一份抱怨；用美好的心灵去看世界，用顽强的意志面对困难和挫折，我们就会多一份勇气，少一份怯弱；用美好的心灵去看世界，寻找别人最好的东西，我们就会多一份肯定，少一份挑剔。推开心灵之门，门外风景无限好，多为自己开启一扇门，我们就可以看到人生更多美丽的风景。当生命里充满了阳光时，生命才会灿烂辉煌。

让我们奏响生活的主旋律，抹去生活的尘埃，让心中充满希望，充满对人生的信心吧，要相信，即使山重水复也会柳暗花明，即使千里冰封也会春暖花开，打开心灵的门，呈现在我们眼前的就会是一个纷繁美丽的世界。